ARD-Ratgeber Recht

Herausgeber

Karl-Dieter Möller

Thomas Nell

W0087705

Eine Produktion des Westdeutschen Rundfunks Köln
und des Südwestrundfunks
in Zusammenarbeit mit den Verbraucherzentralen

verbraucherzentrale

Haben Sie ein Zeugnis erhalten? Dann sollten Sie sehr genau prüfen, was zwischen den Zeilen steht. Nur allzu leicht verbergen sich Doppeldeutigkeiten, Ungereimtheiten, vielsagende Leerstellen oder formale Mängel in dem Text, die Ihre Bewerbungschancen sehr schnell auf den Nullpunkt sinken lassen könnten. Oftmals passiert dies sogar ohne böse Absicht, sondern aus Unwissenheit oder bloßer Nachlässigkeit des ehemaligen Arbeitgebers.

Oder sollen Sie sich Ihr Zeugnis selbst entwerfen? Auch dann ist es ratsam, sich eingehend mit der Zeugnissprache zu beschäftigen, damit Ihr Zeugnis nicht zum Eigentor wird.

Verena Janßen ist Diplom-Betriebswirtin und betreibt seit 1998 sehr erfolgreich Deutschlands ersten Beratungs- und Interpretationsservice rund um das Thema »Arbeitszeugnis«. Zu ihren Kunden gehören neben Fach- und Führungskräften aus dem gesamten Bundesgebiet sowie aus den deutschsprachigen Nachbarländern auch Anwälte, Unternehmen und Personalberater. Darüber hinaus führt sie Seminare für Personalfachleute durch und hat sich als Autorin auf diesem Spezialgebiet einen Namen gemacht.

Verena Janßen

Arbeitszeugnis

Treffsicher formulieren und interpretieren

verbraucherzentrale

Tipp Ratschlag

! Wichtig

✓ Checkliste

✉ Musterbrief

⚖ Rechtsprechung

Bibliografische Information Der Deutschen Bibliothek
Die Deutsche Bibliothek verzeichnet diese Publikation in der
Deutschen Nationalbibliografie; detaillierte bibliografische Daten sind
im Internet über http://dnb.ddb.de abrufbar.

Diese Publikation erscheint im Rahmen der Verlagsgemeinschaft
STIFTUNG WARENTEST und Verbraucherzentrale
Nordrhein-Westfalen e.V.

Internet: www.vz-nrw.de

ISBN 978-3-938174-76-0

Liebe Leserin, lieber Leser,
und natürlich auch: Liebe Zuschauerin, lieber Zuschauer des ARD-Ratgeber Recht,

die Welt wird täglich komplizierter. Die Welt der Paragrafen sowieso. Ständig wächst der Berg von Verordnungen, Gesetzen, Urteilen und Meinungen. Die Paragrafenwelt verständlicher für Sie – unsere Leser und Zuschauer – ausfallen zu lassen, das ist das erklärte Ziel des ARD-Ratgeber Recht.

Es gibt dabei wenige Sendungen in der deutschen Fernsehlandschaft, die Sie, unsere Zuschauer, so häufig zu Papier und Füller greifen lassen (oder Sie dazu bringen, Ihr Mail-Programm zu starten), wie der ARD-Ratgeber Recht. Dafür bedanken wir uns – und auch für das Vertrauen, das Sie in uns setzen. Leider dürfen und können wir Ihnen nicht die umfangreichen Auskünfte geben, die wir Ihnen gern geben würden. Denn unser Programmauftrag besteht darin, Rechtsprobleme und juristische Fragen auf einer leicht verständlichen Ebene aufzuarbeiten. Die Rechtsauskunft und die Rechtsberatung im Einzelfall gehören nicht dazu.

Umfangreichere Informationen, die die Sendungen ergänzen, bieten wir dem interessierten Publikum seit vielen Jahren mit der Buchreihe zum ARD-Ratgeber Recht an. Mit Beginn des Jahres 2006 erscheint sie in einer neuen Form und mit anderen Partnern. Die beiden ARD-Sender, die den ARD-Ratgeber Recht produzieren, nämlich der Südwestrundfunk (SWR) und der Westdeutsche Rundfunk (WDR), betreuen diese neue Reihe gemeinsam. Ziel ist, verständliche und erschwingliche Bücher zu den juristischen Themen aus unseren Sendungen anzubieten. Unsere erfahrenen und juristisch geschulten Autoren können in allgemein verständlichen Ausführungen die Ratsuchenden bestens begleiten. Ein klarer Aufbau soll dem Leser einen schnellen Zugriff auf die gesuchten Informationen gewährleisten. Dazu gibt es Musterbriefe von Experten, Tipps und Ratschläge. Ein Anhang stellt die Verbindung zu den Beiträgen her, die SWR und WDR in ihren jeweiligen Ausgaben gesendet haben. Im Internet finden Sie darüber hinaus weitere sendungsbezogene Informationen.

Unser wichtigstes Anliegen ist es, Ihnen – ausgehend von den Berichten und Reportagen unserer Sendungen – vertiefende und alltagsnahe Informationen zur Verfügung zu stellen, die Sie bei der Lösung Ihrer persönlichen rechtlichen Probleme unterstützen – also, die Paragrafenwelt begreifbarer zu machen.

Mit Dank für Ihre freundliche und kritische Begleitung unserer Arbeit!

Karl-Dieter Möller
ARD-Fernsehredaktion Recht und Justiz
Südwestrundfunk Karlsruhe

Thomas Nell
Programmgruppe Wirtschaft und Recht
Westdeutscher Rundfunk Köln

Vorwort

Dem Arbeitszeugnis kommt in Deutschland gerade in Zeiten schwieriger Arbeitsmarktverhältnisse eine besondere Bedeutung zu. Es ist ein wichtiges Dokument, das Sie Ihr ganzes Berufsleben begleiten wird und gleichsam Weichensteller oder Stolperstein sein kann. Denn es entscheidet unter Umständen darüber, ob Sie zu einem Vorstellungsgespräch eingeladen werden oder nicht. Je höher die Position bzw. die Anforderungen der Stelle, desto mehr Beachtung wird man dem Zeugnis beimessen. Erst im Top-Management oberhalb eines Jahreseinkommens von 200.000 Euro verliert das Zeugnis wieder an Bedeutung und greifen andere Instrumente beim Recruiting.

Der Gesetzgeber gibt vor, dass ein Zeugnis wohlwollend geschrieben werden muss, um den Arbeitnehmer in seinem beruflichen Fortkommen nicht ungebührlich zu behindern. Gleichzeitig muss der Inhalt aber auch wahr sein. Da dies häufig einen Zielkonflikt darstellt, hat sich in Deutschland – ähnlich auch in den deutschsprachigen Nachbarländern – eine Zeugnissprache herausgebildet, die auch unterdurchschnittliche oder schlechte Beurteilungen nett verpackt und Kritik diskret zwischen den Zeilen zum Ausdruck bringt. Somit entpuppt sich manch wohlklingendes Zeugnis bei genauerer Betrachtung oftmals als Chancenkiller.

Kaum ein Arbeitnehmer beherrscht jedoch die Zeugnissprache in all ihren Feinheiten und Facetten. So werden nachteilige Formulierungen oftmals nicht oder nicht rechtzeitig genug erkannt. Zudem herrscht auch eine große Rechtsunsicherheit im Umgang mit Arbeitszeugnissen, beispielsweise in Hinblick auf Ansprüche, Fristen und Vorgehensweisen. Denn die unterschiedlichen Aspekte dieses Themenkomplexes sind nur in außerordentlich geringem Maße gesetzlich geregelt. Sie ergeben sich vielmehr aus der Rechtsprechung, dem so genannten Richterrecht, das jedoch nicht immer einheitlich ist und durchaus einem Wandel der Zeit unterliegt. Dies hat zur Folge, dass die Rechtslage auch

für Juristen sehr unübersichtlich, teils sogar widersprüch-
lich ist.

Dieser Ratgeber soll Wissenslücken auf dem Gebiet des Arbeitszeugnisses schließen und zu einer Versachlichung des
Themas beitragen. Gleichzeitig sollen Sie als Leser ein umfassendes Bild der aktuellen Rechtsprechung erhalten, um
aus einer genauen Kenntnis der Rechte und Pflichten alle
Ansprüche als Zeugnisempfänger voll ausschöpfen oder
allen Ansprüchen als Zeugnisaussteller gerecht werden zu
können. Der Ratgeber wendet sich daher sowohl an die Arbeitnehmer, die ein Zeugnis erhalten haben, als auch an die,
die ihr Zeugnis selbst schreiben dürfen oder wollen. Ebenso
kann er Personalfachleuten als Arbeitswerkzeug oder als
praxisnahe Schulungsunterlage dienen.

Hamburg, September 2007   Verena Janßen

Inhalt

Kapitel 2
Lob und Tadel

Kapitel 3
Struktur und Inhalte

Anhang

Stichwortverzeichnis

Abkürzungen

ABM	Arbeitsbeschaffungsmaßnahme
Abs.	Absatz
AP	Arbeitsrechtliche Praxis (Entscheidungssammlung)
ArbG	Arbeitsgericht
Az.	Aktenzeichen
BAG	Bundesarbeitsgericht
BAT	Bundesangestelltentarifvertrag
BBiG	Berufsbildungsgesetz
BGB	Bürgerliches Gesetzbuch
BGE	Amtliche Sammlung der Entscheidungen des Schweizer Bundesgerichts
EhfG	Entwicklungshelfer-Gesetz
evtl.	eventuell
EzA	Entscheidungssammlung zum Arbeitsrecht
FÖJFG	Gesetz zur Förderung eines freiwilligen ökologischen Jahres
GewO	Gewerbeordnung
ggf.	gegebenenfalls
GmbH	Gesellschaft mit beschränkter Haftung
HGB	Handelsgesetzbuch
LAG	Landesarbeitsgericht
LAGE	Entscheidungssammlung der Landesarbeitsgerichte
NZA	Neue Zeitschrift für Arbeitsrecht (Jahr und Seite)
NZA-RR	Neue Zeitschrift für Arbeitsrecht – Rechtsprechungs-Report (Jahr und Seite)
o.Ä.	oder Ähnliche(s)
o.g.	oben genannt(e)
OLG	Oberlandesgericht
S.	Seite
SozDiG	Gesetz zur Förderung eines freiwilligen sozialen Jahres
TVöD	Tarifvertrag für den öffentlichen Dienst
u.v.m.	und vieles mehr
z.B.	zum Beispiel
ZDG	Zivildienstgesetz

Kapitel 1
Rechtliche Grundlagen

1. Das Zeugnis im geschichtlichen Wandel

Das Arbeitszeugnis ist keine Erfindung aus heutiger Zeit. Seine Historie geht bis in das 16. Jahrhundert zurück, als es noch den Gesindezwangdienst und die Erbuntertänigkeit gab. Die Reichspolizeiordnung aus dem Jahr 1530 schrieb vor, dass dem Knecht sein ordnungsgemäßes Ausscheiden aus dem Dienst durch ein Zeugnis zu bescheinigen ist. Ohne ein solches Zeugnis war es einem anderen Dienstherrn untersagt, den Knecht einzustellen und drohten ihm bei Zuwiderhandlung Geldstrafen. 1846 wurde diese Regelung durch die Gesindeordnung ersetzt. Diese schrieb die Führung eines »Gesindedienstbuches« vor, in das der Dienstherr ein vollständiges Zeugnis über die Führung und das Benehmen, insbesondere über Fleiß, Treue, Gehorsam, sittliches Betragen und Ehrlichkeit eintrug und das vor Dienstantritt der örtlichen Polizei vorzulegen war.

Zeugnisse damals

Die Gesindeordnung wurde im Jahr 1900 durch unser heutiges Bürgerliches Gesetzbuch abgelöst. Hier regelt § 630 BGB im Wesentlichen den Anspruch auf ein Zeugnis, ergänzt durch einige wenige Paragrafen in anderen Gesetzbüchern, die berufsspezifische Vorschriften enthalten.

2. Zeugnisarten

Spricht man von einem Zeugnis, so ist die Aussage nicht ganz eindeutig, denn es gibt verschiedene Arten von Zeugnissen. In der Regel wird ein »qualifiziertes Zeugnis« gemeint sein, da dies die häufigste Zeugnisform ist. Es gibt aber auch die Form des »einfachen Zeugnisses«.

Einfaches und qualifiziertes Zeugnis

Des Weiteren ist zwischen einem normalen Arbeits- oder Dienstzeugnis sowie einem Ausbildungszeugnis zu unterscheiden. Und schließlich kann ein Zeugnis ein End-, Zwischen- oder vorläufiges Zeugnis sein. Es stellt sich nun die

Frage: Worin unterscheiden sich diese unterschiedlichen Zeugnisarten und wann muss welches Zeugnis ausgestellt werden?

2.1 Einfaches Zeugnis

Keine Bewertung von Leistung und Verhalten

Das »einfache Zeugnis« dient dem Arbeitnehmer dazu, seinen beruflichen Werdegang lückenlos nachweisen zu können und dem Leser ein Bild der erworbenen Berufserfahrung zu vermitteln. Es gibt lediglich Auskunft über die Art und Dauer der Beschäftigung, verzichtet aber auf eine Bewertung der Leistung und des Verhaltens. Diese Art Zeugnis findet man oftmals bei Arbeitern aus dem gewerblichen Bereich, verliert aber auch da an Bedeutung.

Folgendes muss ein «einfaches Zeugnis» beinhalten:

- Vorname, Nachname
- Geburtsdatum und -ort (nur mit Einverständnis des Mitarbeiters)
- Beschäftigungszeitraum
- Tätigkeitsbezeichnung
- ggf. Einsatzort
- ggf. Angaben zu Arbeitszeiten (z.B. Umfang bei Teilzeitbeschäftigung, Schichtarbeit, Bereitschaftsdienste)
- ggf. Angaben zur hierarchischen Position (wem unterstellt, wem übergeordnet)
- Beschreibung des Aufgabenbereichs

Oftmals werden auch einfache Zeugnisse mit Schlussformulierungen wie Aussagen zu den Austrittsmodalitäten, Dank, Bedauern und/oder Zukunftswünschen beendet. Zum Minimalumfang gehören diese jedoch nicht.

Informationswert

Wenn Sie sich ein einfaches Zeugnis ausstellen lassen, sollten Sie darauf achten, dass die Beschreibung Ihrer Aufgaben ausführlich und informativ ist. Denn für einen späteren Arbeitgeber ist entscheidend, welche berufliche Erfahrung ein Bewerber mitbringt. Diese kommt aber beispielsweise durch eine lieblose Aufzählung von zwei oder drei pauschalen Schlagworten meist nicht zum Ausdruck. Verlangen Sie daher eine Berichtigung oder Ergänzung,

wenn wichtige Aufgaben fehlen oder Ihre Tätigkeit falsch
dargestellt wurde.

2.2 Qualifiziertes Zeugnis

Die am häufigsten verbreitete Zeugnisart ist das qualifizierte Zeugnis. Neben den Angaben, die auch ein einfaches Zeugnis umfassen muss, beinhaltet ein qualifiziertes Zeugnis nach § 630 Abs. 2 BGB und § 109 GewO
auch eine Beurteilung der Leistung und des Verhaltens.
Zudem kann es auch Aussagen zu den Austrittsmodalitäten (z.b. betriebsbedingte Kündigung oder Kündigung
auf eigenen Wunsch) sowie Schlussformulierungen wie
Dank, Bedauern und Zukunftswünsche beinhalteten. Ein
Rechtsanspruch auf eine Formulierung zum Bedauern des
Ausscheidens besteht allerdings nicht. Hinsichtlich einer
Formulierung des Dankes und der Zukunftswünsche ist
ein Rechtsanspruch umstritten.

Was umfasst eine adäquate Beurteilung der »Leistung« **Beurteilung**
und des »Verhaltens«? Die Leistungsbeurteilung setzt sich **der Leistung**
aus Angaben zur fachlichen Qualifikation, zu Fähigkeiten,
Arbeitsweise und Arbeitsbereitschaft sowie zum Arbeitserfolg zusammen. Bei Mitarbeitern mit Personalverantwortung sind darüber hinaus Angaben zur Führungsleistung zu machen.

Die Verhaltensbeurteilung spiegelt das Sozialverhalten **Beurteilung**
gegenüber Vorgesetzten, Kollegen, ggf. auch Mitarbeitern **des Verhal-**
und je nach Tätigkeit auch gegenüber Geschäftspartnern **tens**
wider. Sie umfasst somit Angaben zur persönlichen Führung des Mitarbeiters und heute zunehmend auch Aussagen zu dessen Persönlichkeit und Sozialkompetenz.

2.3 Ausbildungszeugnis

Der § 16 BBiG schreibt vor, dass einem Auszubildenden **Für jeden**
nach Beendigung seiner Ausbildung ein Zeugnis auszu- **Azubi**
stellen ist, unabhängig davon, ob er übernommen wird
oder nicht. Da die Beendigung nicht zwangsläufig erfolgreich sein muss, gilt der Anspruch auch bei vorzeitigem

Abbruch oder nicht bestandener Prüfung. Praktikanten, Volontäre und Hospitanten gelten dabei ebenfalls als Auszubildende, sofern kein Arbeitsverhältnis besteht, aus dem ein Zeugnisanspruch ableitbar wäre.

Das Zeugnis muss mindestens Angaben über Art, Dauer und Ziel der Ausbildung sowie über die erworbenen Fertigkeiten und Kenntnisse enthalten; auf Wunsch des Auszubildenden sind aber auch Angaben zu Leistung und Verhalten zu nennen. Auch bei Auszubildenden ist das qualifizierte Zeugnis der Normalfall.

Unaufgefordert Aufgrund der geringen Berufs- und Lebenserfahrung unterliegen Auszubildende einem besonderen Schutz. Der Anspruch auf ein Zeugnis ist nicht wie sonst üblich eine Holschuld (siehe S. 26) – zumindest nicht für ein einfaches Zeugnis. Das heißt, dass einem Auszubildenden nach Abschluss seiner Ausbildung ein Zeugnis unaufgefordert ausgestellt werden muss. Lediglich wenn er ein qualifiziertes Zeugnis haben möchte, was im Normalfall anzuraten wäre, muss er dies dem Arbeitgeber mitteilen.

2.4 Zwischenzeugnis und vorläufiges Zeugnis

Zwischenbilanz Das Zwischenzeugnis (siehe auch »Anspruch auf ein Zwischenzeugnis ab S. 25) wird einem Mitarbeiter in ungekündigter Stellung ausgestellt und dient dazu, eine Zwischenbilanz hinsichtlich der bisherigen Tätigkeiten und Leistungen sowie des Verhaltens zu ziehen. Dies macht insbesondere dann Sinn, wenn der Vorgesetzte wechselt. Denn ein solches Zwischenzeugnis ermöglicht es dem neuen Vorgesetzten später, dem Mitarbeiter bei seinem Ausscheiden ein Zeugnis über den gesamten Beschäftigungszeitraum ausstellen zu können.

Im Präsens In der Aufmachung unterscheidet sich das Zwischenzeugnis vom Endzeugnis in der Verwendung der Zeitform Präsens sowie durch andere Schlussformeln am Ende des Zeugnisses. Natürlich wird auch kein Beschäftigungszeitraum, sondern nur das Eintrittsdatum angegeben.

Es kommt vor, dass einem Mitarbeiter mehrfach Zwischenzeugnisse im gleichen Unternehmen ausgestellt werden.
Hierbei verweist man hinsichtlich früherer Beschäftigungs-
zeiträume häufig auf bereits erteilte Zeugnisse und bezieht
sich in dem aktuellen Zeugnis dann nur auf den derzeitigen
Beschäftigungszeitraum. Aufgrund fehlender rechtlicher
Regelungen und Präzedenzfälle ist diese Praxis vermutlich
hinzunehmen, auch wenn der Mitarbeiter im Bewerbungs-
fall dann mehrere Zeugnisse des gleichen Unternehmens
vorlegen muss.

Das »vorläufige Zeugnis« entspricht in der äußeren Form **Sonderform**
einem vorweg genommenen Endzeugnis, stellt aber eine **des Zwi-**
Sonderform des Zwischenzeugnisses dar. Es wird ausge- **schenzeug-**
stellt, wenn das Arbeitsverhältnis bereits gekündigt ist, **nisses**
aufgrund längerer Kündigungsfristen aber noch geraume
Zeit andauern wird oder wenn das Arbeitsverhältnis zwar
noch ungekündigt ist, ein Ende aber bereits feststeht.

Der Arbeitgeber ist an seine Aussagen im Zeugnis gebunden und kann diese nur bei gravierenden objektiven
Unrichtigkeiten widerrufen. Das heißt, eine bloße Mei- **Bindungs-**
nungsänderung reicht keinesfalls aus, vielmehr müssen **wirkung**
Tatsachen die Unrichtigkeit auch beweisen.

Dieser Aspekt hat unter Umständen für den Arbeitgeber
und damit natürlich auch für Sie Konsequenzen, die über
den Bereich des Zeugnisses hinaus gehen. Folgendes Beispiel soll dies verdeutlichen:

Beispiel

Ihr Arbeitgeber hat Ihnen ein sehr gutes Zwischenzeugnis
ausgestellt, um Auseinandersetzungen mit Ihnen zu vermeiden, Sie mit dem Zeugnis auch für Ihre weitere Arbeit
zu motivieren und/oder Sie im Unternehmen zu halten.
Wenn Sie nun eine Gehaltserhöhung verlangen, kann er
diese nicht mit dem Argument ablehnen, Ihre Leistungen
würden diese nicht rechtfertigen und mit den im Zeugnis
bescheinigten sehr guten Leistungen hatte man nur nett
sein wollen. Auch eine leistungs- oder verhaltensbedingte
Kündigung wäre übrigens in nächster Zeit kaum möglich.

Auch ein anderes Beispiel aus der Rechtsprechung zeigt, dass der Zeugnisinhalt sehr wohl überlegt sein sollte: Nachdem ein Mitarbeiter im Zeugnis als gewissenhaft und ehrlich beschrieben wurde, konnte er nach dem Ausscheiden nicht mehr für einen vor dem Ausscheiden festgestellten, zunächst strittigen Inventurfehlbetrag aus Mankohaftung in Anspruch genommen werden (BAG, Urteil vom 8.2.1972, Az.: 1 AZR 250/70).

Bindungs-
dauer

Wie lange Ihr Arbeitgeber an die im Zwischenzeugnis gemachten Aussagen gebunden ist, hängt von der Gesamtbeschäftigungsdauer ab. Erhalten Sie nach zwölfjähriger Mitarbeit eine Kündigung und bedingt durch eine lange Kündigungsfrist von sechs Monaten zunächst ein vorläufiges Zeugnis, kann das spätere Endzeugnis in seiner Bewertung nicht vom dem vorläufigen Zeugnis abweichen. Selbst wenn es in den letzten Monaten zu einem deutlichen Leistungsabfall gekommen wäre, könnte dieser die Gesamtleistung kaum so gravierend beeinflussen, dass eine Änderung gerechtfertigt wäre. So sah es auch das Landesarbeitsgericht Köln in einem Fall, wo einer Mitarbeiterin mit sechsjähriger Unternehmenszugehörigkeit im Endzeugnis nur noch ein »stets zu unserer vollen Zufriedenheit« bescheinigt werden sollte, nachdem es zehn Monate zuvor im Zwischenzeugnis noch »stets zu unserer vollsten

Zufriedenheit« hieß. Es gab der Klage der Arbeitnehmerin statt und zwang den Arbeitgeber zum Wiedereinsetzen der ursprünglichen Zufriedenheitsformel (LAG Köln, Urteil vom 22.8.1997, Az.: 11 Sa 235/97).

Wurde Ihnen allerdings nach einem Jahr ein Zwischenzeugnis ausgestellt und scheiden Sie sechs Monate später aus dem Unternehmen aus, sähe dies schon ganz anders aus. Denn hier machen die sechs Monate dann ein Drittel Ihrer Beschäftigungsdauer aus und üben somit einen ganz erheblichen Einfluss auf die Gesamtbewertung aus.

Auch bei voller Bindungswirkung des Zwischenzeugnisses ist der Arbeitgeber allerdings nicht verpflichtet, das Endzeugnis im gleichen Wortlaut des Zwischenzeugnisses abzufassen (LAG Düsseldorf, Urteil vom 2.7.1976, Az.: 9 Sa 727/76).

Unterschätzen Sie nicht die Wichtigkeit eines Zwischenzeugnisses und legen Sie dieses in keinem Fall ungeprüft ab. Aufgrund der Bindungswirkung können Sie bei einem späteren Endzeugnis negative Aussagen unter Umständen nicht reklamieren, wenn Sie diese im Zwischenzeugnis nicht auch schon beanstandet haben.

Prüfen Sie genau

2.5 Sie haben die Wahl

Nach dem Gesetz haben Sie als Arbeitnehmer die Wahl, ob Sie ein einfaches oder ein qualifiziertes Zeugnis haben möchten. Die Entscheidung sollte aber wohl überlegt sein und danach getroffen werden, in welchem Beruf Sie tätig sind bzw. waren. So findet man einfache Zeugnisse fast ausschließlich bei Arbeitern, wobei sie aber auch da in vielen Bereichen schon die Ausnahme sind. Im Angestelltenbereich werden üblicherweise qualifizierte Zeugnisse gewünscht und ist die Ausstellung von einfachen Zeugnissen völlig unüblich.

Am besten ein qualifiziertes Zeugnis

Befürchten Sie als Fach- oder Führungskraft, dass ein qualifiziertes Zeugnis berechtigter Weise sehr schlecht ausfallen wird und lassen Sie sich deshalb nur ein einfaches Zeugnis ausstellen, wird Ihnen dies nicht viel nützen. Denn bei einer Bewerbung wird der potentielle neue Arbeitgeber dies sehr wahrscheinlich dahingehend interpretieren, dass ein qualifiziertes Zeugnis extrem schlecht ausgefallen wäre und Sie deswegen auf das einfaches Zeugnis ausgewichen sind.

Können Sie sich nach getroffener Wahl noch umentscheiden? Sie können es versuchen, doch einen Rechtsanspruch haben Sie nicht. Denn wurde Ihnen auf Ihr Verlangen hin zunächst ein einfaches Zeugnis ausgestellt, ist Ihr Zeugnisanspruch damit erloschen und kann aus juristischer Sicht nicht noch ein qualifiziertes Zeugnis verlangt werden (Sächsisches LAG, Urteil vom 26.3.2003, Az.: 2 Sa 875/02). Auch umgekehrt geht es leider nicht. Hatten Sie

Keine Umentscheidung

ein qualifiziertes Zeugnis verlangt und ist dieses zu Recht sehr schlecht ausgefallen, können Sie nach der Rechtslage vom Arbeitgeber nicht auch noch die Ausstellung eines einfachen Zeugnisses verlangen. Denn dieser ist seiner Fürsorgepflicht bereits nachgekommen und damit »aus dem Schneider«. Dies heißt natürlich nicht, dass Sie es nicht trotzdem versuchen sollten. Aufgrund des relativ geringen Arbeitsaufwands im Zeitalter der elektronischen Datenverarbeitung wird sich der ehemalige Arbeitgeber ja vielleicht auf dem Kulanzwege erweichen lassen.

 Hat der Arbeitgeber das Zeugnis allerdings von sich aus auch auf Ihre Führung und Leistung erstreckt, ohne dass Sie ausdrücklich ein qualifiziertes Zeugnis verlangt haben, haben Sie nach wie vor Anspruch auf ein einfaches Zeugnis (ArbG Wilhelmshaven, Urteil vom 26.9.1971, Az.: Ca 270/71).

2.6 Mündliche Auskünfte

Auskünfte dürfen erteilt werden Es kommt vor, dass ein potentieller neuer Arbeitgeber zum Hörer greift, um sich bei dem vorherigen Arbeitgeber über den Mitarbeiter bzw. die Glaubwürdigkeit des Zeugnisses zu erkundigen. Da stellt sich die Frage, ob der ehemalige Arbeitgeber überhaupt befugt ist, Dritten gegenüber Auskünfte zu erteilen, was er sagen oder nicht sagen darf und ob der Arbeitnehmer darüber in Kenntnis zu setzen ist.

 Diese Fragen wurden sehr deutlich in einem Urteil des Bundesarbeitsgerichtes beantwortet. So heißt es in dessen Leitsatz:

»Nach übereinstimmender Meinung in Rechtsprechung und Schrifttum muß der Arbeitgeber aufgrund der nachwirkenden Fürsorgepflicht Auskünfte über einen ausgeschiedenen Arbeitnehmer jedenfalls an solche Personen erteilten, mit denen der Arbeitnehmer in Verhand- **Auch gegen Ihren Willen** *lungen über den Abschluß eines Arbeitsvertrages steht. Die Pflicht des Arbeitgebers, Auskunft über Leistung und Verhalten seines früheren Arbeitnehmers zu erteilen, erschöpft sich nicht in der Ausstellung eines Zeugnisses.*

Auch ohne Zustimmung und selbst gegen den Wunsch des Arbeitnehmers ist der Arbeitgeber grundsätzlich berechtigt, Auskünfte über die Person und das während des Arbeitsverhältnisses gezeigte Verhalten des Arbeitnehmers zu erteilen. Diese Auskünfte müssen jedoch, ebenso wie Zeugnisse, der Wahrheit entsprechen und dürfen nur solchen Personen erteilt werden, die ein berechtigtes Interesse daran haben. Dabei dürfen in der Auskunft auch für den Arbeitnehmer ungünstige Tatsachen mitgeteilt werden« (BAG, Urteil des 3. Senats vom 18. 8.1981, Az.: 3 AZR 792/78).

Mit anderen Worten: Ihr ehemaliger Arbeitgeber kann sich nicht weigern, Auskünfte zu erteilen, wenn Sie die Auskunftserteilung ausdrücklich wünschen. Weigert er sich dennoch, könnten Sie ihn unter Umständen sogar auf Schadenersatz verklagen (LAG Berlin, Urteil vom 8.5.1989, Az.: 9 SA 21/89). Wiederum können Sie ihm nicht untersagen, Auskünfte zu erteilen, wenn ein anderer Arbeitgeber diese erfragt und ein berechtigtes Interesse nachweisen kann. Was er Dritten mitgeteilt hat, ist Ihnen auf Verlangen bekanntzugeben.

Die Auskunftspflicht unterliegt denselben Grundsätzen, die auch bei der Erteilung eines qualifizierten Zeugnisses zu beachten sind. Die Auskünfte müssen also wahr, vollständig, gerecht und möglichst objektiv sein (LAG Berlin, Urteil vom 8.5.1989, Az.: 9 SA 21/89). Sie dürfen sich allerdings nur auf die Leistung und das Verhalten des Arbeitnehmers während des Arbeitsverhältnisses beschränken. Darüber hinausgehende Informationen dürfen nicht erteilt werden. Auch darf Dritten nicht Einblick in die Personalakte eines Mitarbeiters gewährt oder Teile der Personalakte überlassen werden (BAG, Urteil vom 18.12.1984, Az.: 3 AZR 389/83). Diese Regelungen gelten im Übrigen auch für Behörden (BAG, Urteil vom 25.10.1957, Az.: 1 AZR 434/55).

Wahrheitsgemäß und wohlwollend

Möchten Sie eine Informationseinholung bei einem früheren Arbeitgeber unterbinden, könnten Sie in Ihrer Bewerbung einen entsprechenden Sperrvermerk angeben.

Sperrvermerk Allerdings ist zweifelhaft, ob Ihnen dies wirklich nützt, denn ein solcher Vermerk würde sicherlich Skepsis und Misstrauen bei dem potentiellen Neu-Arbeitgeber hervorrufen. Lediglich wenn Sie sich aus einem ungekündigten Arbeitsverhältnis heraus bewerben, würde man für einen Sperrvermerk Verständnis haben, weiß doch Ihr derzeitiger Arbeitgeber vermutlich nichts von Ihren Kündigungsabsichten. In einem solchen Fall ist einem potentiellen neuen Arbeitgeber aber im Rahmen der vorvertraglichen Sorgfaltspflicht auch ohne ausdrücklichen Hinweis Ihrerseits untersagt, Auskünfte beim derzeitigen Arbeitgeber einzuholen. Tut er es trotzdem und entsteht Ihnen daraus nachweislich ein Schaden, wäre er sogar schadenersatzpflichtig.

2.7 Gefälschte Zeugnisse

Es bedarf sicherlich nicht der ausdrücklichen Erwähnung, dass Sie ein Zeugnis nicht verändern oder fälschen dürfen. Tun Sie es doch, so gehen Sie ein hohes Risiko ein. Denn bekommen Sie eine Stelle, auf die Sie sich mit einem gefälschten Zeugnis beworben hatten, kann Ihnen noch nach Jahren wegen arglistiger Täuschung gekündigt werden und zwar auch dann, wenn Ihre Arbeitsleistungen nicht zu beanstanden sind (LAG Nürnberg, Urteil vom 24.8.2005, Az.: 9 Sa 400/05).

3.   Zeugnisanspruch

In der Schweiz ist der Anspruch auf ein Zeugnis im Artikel 330a Schweizerischen Obligationenrechts (OR) verankert. In Österreich ergibt er sich aus dem § 1163 des Allgemeinen Bürgerlichen Gesetzbuches (ABGB) und für Führungskräfte aus dem fast gleichlautenden § 39 Angestelltengesetz (AngG). Allerdings haben Mitarbeiter in Österreich nur Anspruch auf ein einfaches Zeugnis. In Deutschland ist der Zeugnisanspruch in § 630 BGB und in § 109 GewO verbrieft. Darüber hinaus gibt es verschiedene berufsgruppenspezifische Gesetzes- oder Tarifvorgaben, z.B. für Auszubildende, Zivildienstleistende oder Mitarbeiter im öffentlichen Dienst. Diese werden in den folgenden Kapiteln noch näher erläutert.

Außer dem Anspruch auf ein Zeugnis als solches ist auch in Deutschland kaum etwas gesetzlich fixiert, sondern ergeben sich juristische Vorgaben weitestgehend aus der Rechtsprechung, dem so genannten Richterrecht. Dies gilt insbesondere hinsichtlich der formalen und inhaltlichen Ausgestaltung, auf die in diesem Buch noch ausgiebig eingegangen wird, wobei in den jeweiligen Themenbereichen die für Sie wichtigsten Urteile angeführt werden. Im Anhang des Buches finden Sie aber auch eine nach Schlagworten sortierte Übersicht der Urteile (ab S. 183).

Richterrecht

Neben den Gesetzen und dem Richterrecht beinhalten häufig auch Tarifverträge Regelungen zum Arbeitszeugnis, beispielsweise hinsichtlich der Anspruchsfristen. Daher ist vor einer gerichtlichen Auseinandersetzung von anwaltlicher Seite immer zu prüfen, ob dies auf den Einzelfall zutrifft und das Arbeitsverhältnis dem zeitlichen, räumlichen, betrieblichen, fachlichen sowie persönlichen Geltungsbereich eines Tarifvertrages unterliegt und wenn ja, welchem. Mit dieser Fragestellung sind Arbeitnehmer allein jedoch meist überfordert, verlieren sich doch selbst Fachleute leicht in dem sehr komplexen Tarifdschungel.

Tarifverträge

3.1   Das Recht auf ein Zeugnis

§ 630 BGB (Dienstvertragsrecht) besagt, dass der Arbeitnehmer bei Beendigung des Arbeitsverhältnisses ein Zeugnis verlangen darf und dass er dabei die Wahl zwischen einem einfachen und einem qualifizierten Zeugnis hat. Neben dieser für Arbeitnehmer im Allgemeinen geltenden Regelung war bis zum 31.12.2002 für kaufmännische Angestellte der Anspruch auf ein qualifiziertes Zeugnis zusätzlich in § 73 HGB und für gewerbliche Arbeitnehmer in § 113 GewO geregelt. Diese Paragrafen sind entfallen und wurden ab dem 1.1.2003 durch den § 109 GewO ersetzt, der nunmehr maßgebliche Rechtsgrundlage für alle Arbeitnehmer ist. Andere berufsspezifische Gesetze und

§ 630 BGB

Tarife z.B. für Auszubildende oder Mitarbeiter im öffentlichen Dienst, gelten aber noch heute.

Tipp

Soll Ihr Arbeitsverhältnis mittels Aufhebungsvertrag gekündigt werden, sind Sie gut beraten, das Zeugnis mit zum Gegenstand der Vertragsverhandlungen zu machen. Denn in dieser Situation haben Sie die beste Ausgangslage, um Ihr Interesse auf ein gutes Zeugnis durchzusetzen. Begnügen Sie sich jedoch nicht mit der Inaussichtstellung eines wohlwollenden Zeugnisses. Denn ein wohlwollendes Zeugnis muss nicht zwangsläufig gut sein und steht Ihnen nach der Rechtsprechung sowieso zu. Einigen Sie sich mit Ihrem Arbeitgeber auch nicht lediglich auf die Note, der das spätere Zeugnis entsprechen soll, sondern legen Sie bereits vor Unterzeichnung des Aufhebungsvertrages den genauen Wortlaut fest. Damit vermeiden Sie, dass es später Streitigkeiten darüber gibt, wie das Zeugnis aussehen muss, um die vereinbarte Note widerzuspiegeln.

Aufhebungs-vertrag

Pflicht zur Zeugniserteilung	
Alle Arbeitnehmer:	§ 630 Bürgerliches Gesetzbuch (BGB)
	§ 109 Gewerbeordnung (GewO)
Auszubildende:	§ 16 Berufsbildungsgesetz (BBiG)
Zivildienstleistende:	§ 46 Zivildienstgesetz (ZDG)
Entwicklungshelfer:	§ 18 Entwicklungshelfer-Gesetz (EhfG)
Öffentlicher Dienst:	§ 35 Tarifvertrag für den öffentlichen Dienst (TVöD)
	§ 35 Tarifvertrag für den öffentlichen Dienst der Länder (TV-L)

a) Anspruch auf ein Zwischenzeugnis

Bei einem über Jahre andauernden Beschäftigungsverhältnis ist es vorteilhaft, von Zeit zu Zeit den Status Quo der Leistung und des Verhaltens in einem Zwischenzeugnis festzuhalten. Denn allzu schnell kann sich ein sehr gutes Betriebsklima in das Gegenteil verkehren oder stimmt nach einem Vorgesetztenwechsel die »Chemie« nicht mehr.

Der Anspruch auf ein Zwischenzeugnis ist für die meisten Arbeitnehmer nicht gesetzlich geregelt. Lediglich für Angestellte des öffentlichen Dienstes heißt es in § 35 Abs. 2 TVöD/TV-L aus »triftigen Gründen«. Auch Zivildienstleistende können ihren Anspruch auf ein Gesetz stützen, zumindest wenn es um ein vorläufiges Zeugnis geht. Für sie heißt es nämlich in § 46 Abs. 3 ZDG »... ist ihm eine angemessene Zeit vor Beendigung des Zivildienstes ein vorläufiges Dienstzeugnis zu erteilen«. Alle anderen Arbeitnehmer müssen sich auf die Fürsorgepflicht des Arbeitgebers berufen, zu der allgemein hin auch die Erteilung eines Zwischenzeugnisses gehört.

»Aus triftigem Grund«

Das Bundesarbeitsgericht urteilte: Bei der Auslegung des Begriffes »triftiger Grund« ist nicht kleinlich vorzugehen. Als triftige Gründe für den Anspruch auf ein Zwischenzeugnis werden allgemein anerkannt: Bewerbung um eine neue Stelle, Vorlage bei Behörden, Banken und Gerichten sowie Trägern von Fort- und Weiterbildungsmaßnahmen, strukturelle Änderungen im Betriebsgefüge (z.B. Betriebsübernahme oder -schließung), interner Stellenwechsel, Wechsel des Vorgesetzten oder geplante längere Arbeitsunterbrechung (z.B. Elternzeit, Wehr- oder Zivildienst, Studium). Kein triftiger Grund liegt vor, wenn das Zwischenzeugnis allein deshalb verlangt wird, weil es in einem Rechtsstreit um eine Höhergruppierung als Beweismittel dienen soll (BAG, Urteil vom 21.1.1993, Az.: 6 AZR 171/92).

Gründe

Liegt der Wunsch nach einem Zwischenzeugnis in einer Kündigungsabsicht begründet, wird der Arbeitnehmer den wahren Grund sicherlich ungern dem Arbeitgeber offenbaren, da dadurch das Vertrauensverhältnis nachhaltig gestört werden würde. Viele Juristen vertreten daher die Meinung, dass ein Zwischenzeugnis auch ohne Angabe von Gründen gefordert werden und nur in besonderen Fällen (z.B. bei fortlaufendem Verlangen) verweigert werden dürfte. In der Praxis verlangen viele Unternehmen auch keine Begründung oder geben sich mit dem Wunsch nach einer Zwischenbilanz zufrieden.

 Nutzen Sie alle sich bietenden Gelegenheiten, sich ein Zwischenzeugnis ausstellen zu lassen, denn dann sind Sie bei einer etwaigen Kündigungsabsicht unter Umständen gar nicht auf ein aktuelles Zwischenzeugnis angewiesen.

b) Zeugnis nur auf Verlangen

Holschuld Auch wenn viele Arbeitgeber dem ausscheidenden Mitarbeiter in der Praxis ohne besondere Aufforderung ein Zeugnis überreichen oder übersenden, sollten Sie wissen, dass ein Zeugnis nicht automatisch vom Arbeitgeber ausgestellt werden muss. So heißt es im § 630 BGB »kann der Verpflichtete ... ein schriftliches Zeugnis ... fordern«. Mit anderen Worten: Der Arbeitgeber ist nur auf Ihr ausdrückliches Verlangen zur Ausstellung eines Zeugnisses verpflichtet. Einzige Ausnahme bilden hier Ausbildungszeugnisse, die unaufgefordert ausgehändigt werden müssen. Auch muss Ihr Arbeitgeber Ihnen das verlangte Zeugnis nicht bringen oder zuschicken. Vielmehr müssen Sie es sich nach der derzeitigen Rechtslage selbst abholen. Lediglich wenn die Abholung eine unzumutbare Belastung für Sie darstellen würde, weil Sie beispielsweise weit entfernt wohnen, oder Ihr Arbeitgeber mit der Ausstellung in Verzug ist, kann sich diese Holschuld in eine Schickschuld wandeln (BAG, Urteil vom 8.3.1995, Az.: 5 AZR 848/93).

c) Zeugnisanspruch bei Betriebsübergang oder Insolvenz

Wird das Unternehmen verkauft, gehen die Rechte und Pflichten aus dem Arbeitsverhältnis auf den neuen Eigentümer über. Dies betrifft auch die Pflicht der Zeugniserteilung. Allerdings empfiehlt es sich in einem solchen Fall, vor Inkrafttreten des Betriebsübergangs vom alten Eigentümer ein Zwischenzeugnis zu verlangen, da dieser Ihre Leistung und Ihr Verhalten natürlich sehr viel besser beurteilen kann als der neue Eigentümer.

Tipp

Endet Ihr Arbeitsverhältnis aufgrund einer Insolvenz des Unternehmens, müssen Sie Ihren Anspruch auf ein Zeugnis bei dem Konkurs- oder Insolvenzverwalter geltend machen, sofern dieser die volle Verfügungsbefugnis besitzt. Der Insolvenzverwalter ist befugt bzw. verpflichtet, ein solches auch für die Zeit vor der Insolvenz auszustellen, unabhängig davon, ob er eigene Kenntnisse über die Arbeitsleistung des Mitarbeiters gewinnen konnte (BAG, Urteil vom 23.6.2004, Az.: 10 AZR 495/03). Entscheidend ist dabei jedoch, dass der Zeitpunkt des Beschäftigungsendes nach der Insolvenzeröffnung liegt, wie das oben genannte Urteil zeigt. Kündigen Sie beispielsweise aufgrund ausstehender Gehaltszahlungen schon vorher und endet Ihr Arbeitsverhältnis damit vor Eröffnung des Insolvenzverfahrens, bleibt der Firmeninhaber Schuldner des Anspruchs auf Erteilung eines Arbeitszeugnisses.

d) Wiederbeschaffung verlorener oder beschädigter Zeugnisse

Wurde Ihr Zeugnis beschädigt oder haben Sie es verloren, ist Ihr ehemaliger Arbeitgeber kraft seiner nachvertraglichen Fürsorgepflicht verpflichtet, Ihnen das Zeugnis neu auszustellen, unabhängig von der Frage, wer den Verlust oder die Beschädigung zu vertreten hat. Dies gilt auch für den Fall, dass das Originalzeugnis des Arbeitnehmers versehentlich mit dem Eingangsstempel einer Gewerkschaft oder eines Rechtsanwaltes versehen wurde (LAG Hamm, Urteil vom 15.7.1986, LAGE § 630 BGB Nr. 5).

Nachvertragliche Fürsorgepflicht

Entscheidend für den Anspruch auf Neuausfertigung ist allein die Frage, ob dem früheren Arbeitgeber die Ersatzausstellung des Zeugnisses noch zugemutet werden kann, weil er anhand (noch) vorhandener Personalunterlagen ohne großen Arbeitsaufwand das Zeugnis neu ausfertigen könnte. Die dabei entstehenden Kosten (z.B. für die Arbeitszeit eines Mitarbeiters) darf Ihr ehemaliger Arbeitgeber Ihnen übrigens in Rechnung stellen. (LAG Hamm, Urteil vom 17.12.1998, Az.: 4 Sa 1337/98).

 Gehen Sie sehr sorgfältig mit Ihren Zeugnissen um. Bedenken Sie, dass es sich um wichtige Dokumente handelt, die Sie über Ihr ganzes Arbeitsleben hinweg benötigen. Geben Sie daher grundsätzlich keine Originale aus der Hand, sondern legen Sie bei Bewerbungen immer nur gute Kopien vor.

Sollte die Archivierungsfrist Ihrer Personalakte bereits abgelaufen sein (dies ist nach sechs Jahren, bei Beamten sogar nach fünf Jahren der Fall), so dass die Personalstelle Ihnen ein Neuausstellen des Zeugnisses verweigert, versuchen Sie Ihr Glück bei der Person, die damals Ihr Zeugnis entworfen bzw. geschrieben hat (z.B. Fachvorgesetzter, Sekretärin). Mit ein bisschen Glück liegt das Zeugnis dort noch als Ausdruck oder Datei vor.

3.2 Wer hat Anspruch auf ein Zeugnis?

Auch arbeitnehmerähnliche Personen Alle Arbeitnehmer und arbeitnehmerähnliche Personen können ein Zeugnis verlangen, unabhängig davon, ob ihr Arbeitsvertrag nur mündlich geschlossen wurde, das Arbeitsverhältnis befristet oder auf Probe bestand oder der Mitarbeiter in Rente geht. Anspruch haben also:

- Voll- und Teilzeitkräfte, geringfügig Beschäftigte
- Auszubildende
- Praktikanten, Volontäre, Hospitanten (sofern sie in die Arbeit eingebunden waren)
- Leiharbeitnehmer
- ABM-Kräfte

- Vorstandsmitglieder (sofern nicht Mehrheitsgesell-schafter)
- GmbH-Geschäftsführer, die nicht Gesellschafter sind (BGH, Urteil vom 9.11.1967, Az.: II ZR 64/67)
- Heimarbeiter, Hausgewerbetreibende
- Handelsvertreter mit geringem Einkommen/Einfirmen-vertreter (OLG Celle, Urteil vom 23.5.1967, Az.: 11 U 270/66)
- Freie Mitarbeiter (nach überwiegender Meinung)

Es gibt aber auch Personen, die im Sinne des Arbeitsrechts keine Arbeitnehmer sind und die damit keinen Anspruch auf ein Zeugnis haben. Dazu gehören:

- Selbstständige Handelsvertreter
- Vorstandsmitglieder (mit beherrschendem Einfluss)
- Geschäftsführende Gesellschafter

3.3 Wie lange muss das Arbeitsverhältnis bestanden haben?

Scheidet ein Mitarbeiter bereits nach sehr kurzer Zeit wieder aus dem Unternehmen aus, wird ihm manchmal vom Arbeitgeber ein Zeugnis verweigert mit der Begründung, er sei nicht lange genug da gewesen, um ihn bewerten zu können. Dieses Argument könnte allenfalls dann stichhaltig sein, wenn der Mitarbeiter ein qualifiziertes Zeugnis verlangt hat. Ein einfaches Zeugnis kann und muss ihm in jedem Fall ausgestellt werden, da es ja nur Angaben zur Tätigkeit und keine Bewertungen enthält.

Wann aber kann der Arbeitnehmer auf ein qualifiziertes Zeugnis bestehen? Wie viel Zeit bedarf es, um sich ein umfassendes Bild der Leistung und des Verhaltens eines Mitarbeiters machen zu können? Die Antwort auf diese Fragen ist von Fall zu Fall unterschiedlich und wird auch von den Gerichten unterschiedlich bewertet. Sie hängt von verschiedenen Kriterien, wie z.B. der Art der Tätigkeit, ab. So kann die Leistung eines Handwerkers, dessen Arbeitsergebnisse sofort sichtbar sind, sicherlich schneller beurteilt werden als die eines Sachbearbeiters oder Projektmitarbeiters.

**Schon nach
zwei Tagen**

In § 630 BGB heißt es »Bei der Beendigung eines *dauernden* Dienstverhältnisses kann der Verpflichtete von dem anderen Teil ein schriftliches Zeugnis … fordern.« Dass ein Arbeitsverhältnis auf Dauer angelegt ist, ist im Allgemeinen dann anzunehmen, wenn es auf einem unbefristeten Arbeitsvertrag basierte. So hat das Landgericht Düsseldorf (Urteil vom 14.5.1963, Az.: 8 Sa 177/63) einem Arbeitnehmer bereits nach zwei Tagen einen Anspruch auf ein qualifiziertes Zeugnis zugebilligt mit der Begründung: »Maßgeblich … ist allein, ob das Arbeitsverhältnis auf Dauer angelegt ist und nicht, wie lange es tatsächlich gedauert hat. Auch nach einer tatsächlich nur zweitägigen Beschäftigung kann der Arbeitgeber Führung und Leistung beurteilen und hat er sie beurteilt, weil er den Arbeitnehmer deswegen von der Arbeit freigestellt hat.«

**Bei Zivildienstleistenden drei
Monate**

Aber auch bei einem befristeten Vertrag dürfte die Durchsetzung des Anspruchs heute kein Problem sein, heißt es doch in dem seit Januar 2003 für alle Arbeitnehmer gültigem § 109 GewO nur »bei Beendigung eines Arbeitsverhältnisses«. Lediglich Zivildienstleistende haben in diesem Punkt das Nachsehen, gesteht der § 46 ZDG ihnen ausdrücklich erst nach drei Monaten ein qualifiziertes Zeugnis zu.

3.4 Zu welchem Zeitpunkt besteht Anspruch auf ein Endzeugnis?

Bei Austritt

Dies ist eine nicht unbedeutende Frage für einen Arbeitnehmer, der sich nach einer Kündigung so schnell wie möglich bewerben möchte. Bei der Beantwortung sind sich die Juristen jedoch uneinig. Die einen interpretieren die Formulierungen des § 630 BGB und des § 109 GewO »bei der Beendigung« bzw. »bei Beendigung« im Sinne von »aus Anlass der Beendigung« und sehen einen Anspruch zum Zeitpunkt der Kündigung bzw. zum Zeitpunkt des Abschlusses eines Aufhebungsvertrages als gegeben. Andere, und dazu gehört auch das Bundesarbeitsgericht, verstehen darunter den Zeitpunkt des tatsächlichen Beschäftigungsendes.

Für Beschäftigte im öffentlichen Dienst heißt es ebenfalls »bei Beendigung …«, doch wird in § 35 TVöD klar geregelt, dass Arbeitnehmer im Falle einer bevorstehenden Kündigung ein vorläufiges Zeugnis verlangen können (Abs. 3) und dass dieses unverzüglich auszustellen ist (Abs. 4). Allerdings erstreckt sich dieser Anspruch auf ein Zeugnis über Art und Dauer der Tätigkeit – von Führung und Leistung ist in diesem Zusammenhang leider nicht die Rede.

Arbeiten Sie nicht im öffentlichen Dienst und möchten Sie sich trotzdem nicht ohne ein Zeugnis über das derzeitige Arbeitsverhältnis bewerben, bitten Sie Ihren Arbeitgeber ein vorläufiges Zeugnis oder zumindest ein Zwischenzeugnis auszustellen. Auf letzteres haben Sie nach gängiger Rechtsprechung Anspruch, da Sie ja ein berechtigtes Interesse nachweisen können. **Tipp**

Wurde Ihnen oder haben Sie fristlos gekündigt, fallen Kündigungszeitpunkt und Beschäftigungsende zusammen. Da Ihr Arbeitgeber aber ein fertiges Zeugnis nicht aus dem Hut zaubern kann, ist er in einem solch unvorhersehbaren Fall lediglich verpflichtet, es ohne schuldhafte Verzögerung, das heißt innerhalb weniger Tage, auszustellen. **!**

Haben Sie gegen Ihre Kündigung Klage eingereicht und ist diese noch anhängig, so darf Sie der Arbeitgeber nicht mit einem Zwischenzeugnis abspeisen. Auch wenn das Gericht noch klären muss, ob die Kündigung überhaupt rechtswirksam ist, haben Sie Anspruch auf ein Endzeugnis (BAG, Urteil vom 27.2.1987, Az.: 5 AZR 710/85). Dies ist auch gut so, denn meist enden solche Klagen in Vergleichen, ohne dass der Arbeitnehmer in das Unternehmen zurückkehrt. Müssten Sie sich aber mit einem Zwischenzeugnis bewerben, würde die gerichtliche Auseinandersetzung nur allzu schnell offenkundig und schreckt etwaige neue Arbeitgeber womöglich ab. Ändert sich nach Ausgang des Prozesses der Zeitpunkt des Ausscheidens, ist das Zeugnis mit richtigem Datum neu auszustellen.

Anspruchszeitpunkt bei anhängiger Kündigungsschutzklage

Achten Sie darauf, dass Ihr Zeugnis in keinem Fall eine gerichtliche Auseinandersetzung erkennen lässt. Dies könnte beispielsweise dann der Fall sein, wenn das Ausstellungsdatum Wochen und Monate von dem Datum des Beschäftigungsendes abweicht, ein offenkundiger Endzeugnistext die Überschrift »Zwischenzeugnis« trägt oder das Zeugnis eine ganz offene Formulierung, wie z.B. »Das Arbeitsverhältnis endet durch Vergleich zum ...«, beinhaltet.

3.5 Was tun, wenn der Arbeitgeber seiner Zeugnispflicht nicht nachkommt?

Der Arbeitgeber muss Ihr Zeugnis ohne schuldhafte Verzögerung ausstellen – vorausgesetzt Sie haben überhaupt ein Zeugnis verlangt. Im § 35 TVöD heißt es sogar »unverzüglich«. Dies bedeutet, dass er das Zeugnis innerhalb weniger Tage aushändigen muss.

Kein Pfand Das Zeugnis darf nicht aufgrund etwaiger Gegenforderungen (z.B. noch nicht zurück gezahlte Lohnvorschüsse oder noch zurückzugebendes Werkzeug bzw. Arbeitskleidung) als Pfand zurückbehalten werden, anderenfalls macht sich Ihr Arbeitgeber unter Umständen schadensersatzpflichtig (ArbG Passau, Urteil vom 15.10.1973, Az.: 2 Ca 180/73 und LAG Hamm, Urteil vom 27.2.1997, Az.: 4 Sa 1691/96).

Handelt es sich um ein berichtigtes Zeugnis, braucht es erst Zug um Zug gegen das ursprüngliche, unrichtige Zeugnis herausgeben werden (LAG Hamm, Urteil vom 27.2.1997, Az.: 4 Sa 1691/96).

 Wenn Sie nach ca. 14 Tagen oder spätestens drei Wochen Ihr Zeugnis noch nicht in Händen halten, sollten Sie Ihren (ehemaligen) Arbeitgeber nochmals auffordern. Am besten tun Sie dies schriftlich und nachweisbar (per Einschreiben mit Rückschein oder mit zu unterzeichnender Empfangsbescheinigung). Setzen Sie ihm eine angemessene Frist. Schreiben Sie dabei aber nicht z.B. »innerhalb von 14 Tagen«, sondern geben Sie ein konkretes Datum an. Reagiert der Arbeitgeber dann immer noch nicht, befin-

Nachweisbare Fristsetzung

det er sich ab diesem Datum in Verzug und haftet für alle
Schäden, die Ihnen daraus entstehen. Bekommen Sie beispielsweise einen Job nicht, weil Sie kein Zeugnis für die
letzte Tätigkeit vorlegen konnten und erleiden Sie daraus
resultierend Einkommensausfälle, können Sie Ihren ehemaligen Arbeitgeber auf entsprechenden Schadenersatz
verklagen. Aber Achtung: Der Schaden muss nachweisbar
sein. Es genügt nicht, dass Sie das fehlende Zeugnis als
den Grund für eine Bewerbungsabsage vermuten. Vielmehr sollte das Unternehmen die Absage in schriftlicher
Form damit begründet haben oder aber diesen Grund vor
Gericht bestätigen.

Notfalls können bzw. müssen Sie Ihren Zeugnisanspruch   **Klage**
gerichtlich durchsetzen, ggf. im Wege der einstweiligen
Verfügung. Dabei haben Sie gute Chancen, denn das
Zeugnis ist Grundlage für weitere Bewerbungen und eine
Bewerbung ohne Zeugnis ist in aller Regel von vornherein
aussichtslos (LAG Köln, Beschluss vom 5.5.2003, Az.: 12
Ta 133/03). Der Arbeitgeber muss sich in einem solchen
Fall sogar eine Verurteilung zu einem Zeugnis mit bestimmten, ihm durch den Klageantrag vorgegebenen For-
mulierungen gefallen lassen, solange er nicht näher beanstandet, welche Formulierung des vom Ihnen gewünschten
Zeugnisses inhaltlich falsch ist. (LAG Hamm, 28.3.2000,
Az.: 4 Sa 648/99) Im Klartext: Sie formulieren das Zeugnis vor und Ihr ehemaliger Arbeitgeber muss es dann so
auch ausstellen, sofern er nicht einzelne Aussagen als
unrichtig widerlegen kann. Achten Sie aber darauf, dass
Sie sich nicht womöglich ein Eigentor schießen. Lassen   **Tipp**
Sie daher den Zeugnistext für den Klageantrag besser von
einem Zeugnisexperten als von einem Juristen schreiben.

Wurde Ihr Arbeitgeber nun beispielsweise durch einen ge-
richtlichen Vergleich dazu verpflichtet, ein qualifiziertes
Zeugnis auszustellen und kommt er dem trotz zwischen-
zeitlicher Aufforderung mit Fristsetzung mehr als einen
Monat nach Rechtskraft des Vergleichs ohne Angabe von
Gründen nicht nach, können Sie die Zwangsvollstreckung

betreiben, deren Kosten zu Lasten des Arbeitgebers gehen
(LAG Köln, Beschluss vom 3.4.2002, Az.: 7 Ta 116/01).

3.6 Wann verfällt der Anspruch?

Ihr Anspruch auf ein Zeugnis besteht natürlich nicht bis
in alle Ewigkeit. Vielmehr müssen auch Sie Fristen ein-
halten, innerhalb derer Ihr Anspruch auf ein Zeugnis oder
auf Berichtigung eines Zeugnisses geltend gemacht werden muss. Hierbei unterscheidet man zwischen Verjäh-
rungs- und Verwirkungsfristen. Darüber hinaus sind ggf.
auch tarifliche oder einzelvertragliche Fristen zu berücksichtigen.

 Schieben Sie Zeugnisangelegenheiten nicht auf die lange
Bank, auch wenn Sie bereits eine Nachfolgebeschäftigung
haben und das Zeugnis deswegen im Moment nicht so
wichtig für sie ist. Zu schnell verliert man die Sache aus
den Augen und der Anspruch kann dann verwirkt oder
verjährt sein.

a) Verjährung und Verwirkung

Verjährung binnen drei Jahren

Nach dem seit 2002 geltenden Schuldrecht verjährt der
Zeugnisanspruch nach drei Jahren, beginnend mit dem
auf das Austrittsjahr folgenden Jahr. Doch das Arbeitsrecht kennt nicht nur den Umstand der Verjährung, sondern auch den der Verwirkung. So verwirkt der Anspruch

Verwirkung schon früher

auf ein qualifiziertes Zeugnis oder aber der Anspruch auf
die Berichtigung eines Zeugnisses bereits sehr viel früher.
Nämlich dann, wenn der Arbeitnehmer ihn über längere
Zeit nicht geltend gemacht hat und sein Verhalten darauf
vertrauen lässt, dass er ihn auch künftig nicht mehr geltend
machen wird oder aber die Erfüllung des Anspruchs nach
Treu und Glauben unter Berücksichtigung aller Umstände
des Einzelfalls nicht mehr zumutbar ist (BAG, Urteil vom
17.2.1988, Az.: 5 AZR 638/86). Damit soll dem Umstand
Rechnung getragen werden, dass das menschliche Erin-
nerungsvermögen und damit auch der Eindruck, den der
Beurteilende hat, mehr und mehr verblasst und nach einer
gewissen Zeit die inhaltliche Richtigkeit eines sehr spät

ausgestellten Zeugnisses nicht mehr gewährleistet werden kann. Im Einzelfall kann dies bereits nach deutlich weniger als einem Jahr der Fall sein. So sah zum Beispiel das Bundesarbeitsgericht den Anspruch auf Berichtigung eines qualifizierten Zeugnisses schon nach zehn Monaten (BAG, Urteil vom 17.2.1988, Az.: 5 AZR 638/86) und den Anspruch auf Schadensersatz wegen eines fehlerhaften Zeugnisses bereits nach fünf Monaten (BAG, Urteil vom 7.10.1972, Az.: 1 AZR 86/72) als verwirkt an.

b) Tarifliche oder einzelvertragliche Ausschluss- und Verfallfristen

Neben den Verjährungs- und Verwirkungsfristen des Gesetzgebers sind unter Umständen auch tarifliche Ausschluss- und Verfallfristen zu beachten, die erheblich kürzer sein können. So sehen Tarifverträge für Mitarbeiter im öffentlichen Dienst sechs Monate (§ 37 TVöD/TVL) und für Angestellte und Poliere im Baugewerbe sogar nur zwei Monate vor. Dabei beginnt die Frist jedoch erst mit dem Tag des Zugangs des Zeugnisses beim Arbeitnehmer (Sächsisches LAG, Urteil vom 30.1.1996, Az.: 5 Sa 996/95).

Tarifvertrag beachten

Darüber hinaus haben einzelvertragliche Fristen Bindungswirkung, wie der Fall einer Account Managerin vor dem Arbeitsgericht in Frankfurt zeigt. Hier war im Arbeitsvertrag folgendes vereinbart worden: »Alle Ansprüche, die sich aus dem Arbeitsverhältnis ergeben, sind von den Vertragschließenden binnen einer Frist von sechs Monaten seit ihrer Fälligkeit schriftlich geltend zu machen und im Falle der Ablehnung durch die Gegenpartei binnen einer Frist von zwei Monaten einzuklagen« (ArbG Frankfurt a.M., Urteil vom 27.9.2004, Az.: 15 Ca 10684/03).

Was steht im Arbeitsvertrag?

Gehen Sie auf Nummer sicher und verlangen Sie sofort, am besten schon zum Zeitpunkt der Kündigung ein Zeugnis. Haben Sie ein Zeugnis erhalten, mit dessen Inhalt Sie nicht einverstanden sind, reklamieren Sie es umgehend. Haken Sie nach und setzen Sie Fristen, wenn Ihr Arbeitgeber nicht reagiert. Wichtig ist bei aber, dass Sie alle

Schritte nachweisbar tun! Schicken Sie Briefe daher per Einschreiben mit Rückschein oder lassen Sie sich den Erhalt quittieren, wenn Sie sie persönlich abgeben. Achten Sie bei Gesprächen mit dem Arbeitgeber darauf, dass Sie zuverlässige Zeugen haben.

c) Ausgleichsquittung / Verzicht

Kein Verzicht Viele Arbeitgeber verlangen von ausscheidenden Mitarbeitern die Unterzeichnung einer Ausgleichsquittung, in der sie bestätigen, keinerlei Ansprüche mehr gegenüber dem Arbeitgeber zu haben. Eine solche, allgemein formulierte Quittung hat jedoch keine Auswirkung auf den Zeugnisanspruch, denn sie stellt keinen Verzicht dar. Sie können oder haben nur dann auf Ihr Zeugnis verzichtet, wenn in der Ausgleichsquittung ausdrücklich das Zeugnis genannt wird (LAG Hamm, Urteil vom 13.2.1992, LAGE § 630 BGB Nr. 16).

3.7 Kann ein Zeugnis widerrufen werden?

Grundsätzlich ja. Zumindest dann, wenn schwerwiegende Gründe, die das Zeugnis unrichtig machen, erst nach dessen Ausstellung dem Arbeitgeber bekannt geworden sind (LAG Frankfurt a.M., Urteil vom 25.10.1950, Az.: II LA 283/50) und die neuen Tatsachen den früheren Werturteilen die Grundlage entziehen (LAG Bayern, Urteil vom 28.7.1972, Az.: 6 SA 2/72 N 1).

Widerruf ist möglich Gegebenenfalls ist der ehemalige Arbeitgeber sogar dazu verpflichtet, das Zeugnis unverzüglich zu widerrufen, wenn ihm nach dem Ausscheiden des Mitarbeiters gravierende Verfehlungen bekannt werden und er erkennt, dass das von ihm erstellte Zeugnis damit grob unrichtig ist. In einem solchen Fall kann er das unrichtige Zeugnis im Original zurückverlangen und stattdessen ein berichtigtes Zeugnis erteilen. Weigert sich der Arbeitnehmer, das Zeugnis herauszugeben, muss der Arbeitgeber auf Herausgabe klagen. Problematisch wird die Situation, wenn der Arbeitnehmer in einem neuen Arbeitsverhältnis steht. Der ehemalige Arbeitgeber muss dann nämlich auch den neuen Arbeitgeber informieren, sofern diesem ein Schaden droht. Tut er dies nicht, ist er dem Folgearbeitgeber gegenüber schadenersatzpflichtig, wie der Bundesgerichtshof in seinem Urteil vom 15.5.1979 (Az.: VI ZR 230/76) bestätigte.

In dem betreffenden Fall wurde ein Buchhalter in seinem Zeugnis als zuverlässiger und verantwortungsbewusster Mitarbeiter beschrieben. Einige Monate nach seinem Ausscheiden entdeckte der ehemalige Arbeitgeber die mehrfache Veruntreuung von Geldern, die dann auch von dem Buchhalter eingestanden wurden. Als der Buchhalter später bei seinem neuen Arbeitgeber einen Scheck in Höhe von 40.000 DM unterschlug, musste der ehemalige Arbeitgeber hierfür Schadenersatz leisten, da er es versäumt hatte, das bereits ausgestellte Zeugnis zu ändern und den ihm bekannten neuen Arbeitgeber zu warnen.

Schadenersatz

4. Inhalte und Aufmachung

In den vorherigen Kapiteln wurden bereits die Gesetze zum Thema Arbeitszeugnis genannt. Diese regeln in erster Linie den Anspruch und grob den Inhalt eines einfachen oder qualifizierten Zeugnisses. Lediglich der § 109 GewO geht darüber hinaus und besagt auch etwas darüber, in welcher Weise die Inhalte dargestellt werden müssen. So heißt es »Das Zeugnis muss klar und verständlich formuliert sein. Es darf keine Merkmale oder Formulierungen enthalten, die den Zweck haben, eine andere als aus der äußeren Form oder aus dem Wortlaut ersichtliche Aussage über den Arbeitnehmer zu treffen.« Mit anderen Worten: Ein Zeugnis darf nicht mehrdeutig sein.

Keine Mehr-deutigkeit

Im Rahmen dieser Vorgabe ist der Aussteller grundsätzlich frei in der Formulierung und Gestaltung des Zeugnisses (BAG Senat, Urteil vom 20.2.2001, Az.: 9 AZR 44/00). Ihm kann also nicht vorgeschrieben werden, was er im Zeugnis besonders hervorhebt und was nicht bzw. welche Formulierungen er im Einzelnen verwendet. Auch steht es ihm frei, welches Beurteilungssystem er heranzieht, das heißt, ob er die Formulierungen und Techniken der Zeugnissprache anwendet oder lieber ganz frei formuliert. Der Zeugnisleser darf nur nicht im Unklaren gelassen werden, wie der Arbeitgeber die Leistung des Arbeitnehmers einschätzt (BAG, Urteil vom 14.10.2003, Az.: 9 AZR 12/03).

Üblicher Zeugnisjargon

Benutzt der Aussteller ein im Arbeitsleben übliches Beurteilungssystem, dann ist das Zeugnis so zu lesen, wie es dieser Üblichkeit entspricht. Verwendet er also einen in Zeugnissen üblichen Sprachstil, so kann er nicht eigene Maßstäbe für die Bedeutung der einzelnen Phrasen anlegen, sondern muss sie so anwenden, wie man sie im Allgemeinen versteht (LAG Hamm, Urteil vom 22.5.2002, Az.: 3 Sa 231/02). Dieses Urteil hat eine nicht zu unterschätzende Tragweite. Es schützt nämlich davor, dass der Aussteller aus Unkenntnis oder aus Ablehnung des üblichen Sprachgebrauchs für Zeugnisse Formulierungen wählt, die ein Dritter unter Anwendung der Zeugnissprache dann in negativer Weise rückübersetzen wird. Folgendes Beispiel soll dies verdeutlichen:

Beispiel

Der Aussteller bescheinigt in der Verhaltensbeurteilung, dass das Verhältnis des ausscheidenden Mitarbeiters »zu Kollegen und Vorgesetzten sehr angenehm und harmonisch« war. Er beabsichtigte damit eine positive Beurteilung abzugeben und wollte sich Höflichkeitshalber nicht an erster Stelle nennen. Da aber ein der Zeugnissprache mächtiger Leser diese Formulierung aufgrund der Nennung der Vorgesetzten erst nach den Kollegen als Kritik an dem Verhalten gegenüber Vorgesetzten verstehen wird (Reihenfolgetechnik, siehe S. 71 f.), kann der Aussteller in diesem Fall gezwungen werden, die Reihenfolge zu ändern.

»Vollsten«

In der Praxis kommt es auch immer wieder vor, dass ein Arbeitgeber einem sehr guten Mitarbeiter die Zufriedenheitsformel »stets zu unserer vollsten Zufriedenheit« verweigert, weil »vollsten« ja falsches Deutsch wäre. Er behauptet, dass das Unternehmen auch in Zeugnissen der Note 1 aus diesem

Grund immer die Formulierung »stets zu unserer vollen Zufriedenheit« verwende. Da aber nach dem üblichen Sprachjargon »stets zu unserer vollen« in Zeugnissen lediglich der Note 2 entspricht (wie zahlreiche Urteile bestätigten), muss er doch »vollsten« schreiben oder auf eine ganz andere Formulierungsvariante, wie z.B. »stellte uns mit seinen Leistungen immer in bester Weise zufrieden« ausweichen (BAG, Urteil vom 23.9.1992, Az.: AZR 573/91).

4.1 Wahrheits- und Wohlwollenspflicht

Ein Zeugnis soll beurteilen und nicht verurteilen. Deswegen müssen die in Zeugnissen gemachten Angaben zum einen der Wahrheit entsprechen (BAG, Urteil vom 5.8.1976, AP Nr. 10 zu § 630 BGB) und dürfen den Arbeitnehmer zum anderen aber in seinem beruflichen Fortkommen nicht ungebührlich behindern (verständiges Wohlwollen) (BGH, Urteil vom 26.11.1963, Az.: VI ZR 221/62; BAG, Urteil vom 8.2.1972, AP Nr. 7 zu § 630 BGB; BAG, Urteil vom 27.11.1985, AP Nr. 93 zu § 611 BGB Fürsorgepflicht; BAG, Urteil vom 3.3.1993, Az.: 5 AZR 182/92, AP Nr. 20 zu § 630 BGB; BAG, Urteil vom 20.2.2001, Az.: 9 AZR 44/00, AP Nr. 26 zu § 630 BGB).

Beurteilen nicht verurteilen

Interessanterweise wurden diese beiden Grundpflichten nie gesetzlich geregelt. Selbst im Rahmen der Reform der Gewerbeordnung wurden zwar in dem ab 2003 für alle Arbeitnehmer geltenden § 109 GewO Begrifflichkeiten wie einfaches und qualifizierte Zeugnis aufgenommen und eine klare und verständliche Formulierung vorgeschrieben, doch fand eine Verpflichtung zu einer wohlwollenden und wahrheitsgemäßen Abfassung von Zeugnissen keinen Niederschlag und leitet sich somit nur aus der Rechtsprechung ab.

Der Spagat zwischen verständigem Wohlwollen und Ehrlichkeit bringt den Zeugnisaussteller jedoch leicht in einen Gewissenskonflikt. Dies führt dazu, dass er versucht, auch Kritik wohlwollend, das heißt, nett zu formulieren. Aus diesem Bemühen heraus hat sich im Laufe der Zeit ein ganz eigener Sprachstil entwickelt. Spätestens aber als

Gewissenskonflikt

der Gewerkschaftssekretär Krause den Arbeitgebern in den 1970er Jahren vorwarf, Aussagen in Arbeitszeugnissen zu verschlüsseln – was diese heftig bestritten – und er eine Liste solcher Formulierungen in der Frankfurter Allgemeinen Zeitung veröffentlichte, war die so genannte »Zeugnissprache« geboren. Denn die Medien und Fachautoren griffen diese Phrasen auf und zitierten sie so lange, bis auch der Letzte von ihrer Existenz gehört hatte.

Zeugnis darf auch schlecht sein Viele Arbeitnehmer unterliegen dem Irrglauben, dass ein Zeugnis aufgrund der Wohlwollenspflicht grundsätzlich gut sein muss, zumindest aber keinerlei Kritik beinhalten darf. Dies ist nicht der Fall, denn die Wahrheitspflicht hat in der Regel höhere Priorität (BAG, Urteil vom 9.9.1992, AP Nr. 19 zu § 630 BGB und LAG Düsseldorf, 2. Kammer Köln, Urteil vom 21.8.1956, Az.: 2 b Sa 65/56). Außerdem muss es dem Arbeitgeber schon aufgrund seiner Haftung gegenüber Nachfolgearbeitgebern gestattet sein, schwere Verfehlungen oder gar im Zusammenhang mit der Arbeit begangene Straftaten zu erwähnen. Haben Sie also ein sehr schlechtes Zeugnis verdient, darf Ihr Arbeitgeber Ihnen auch durchaus ein sehr schlechtes Zeugnis ausstellen und in diesem schwerwiegende, für Sie charakteristische Verfehlungen oder Mängel erwähnen.

Was aber ist dann mit der Wohlwollenspflicht gemeint und wann würde ein Zeugnis denn das berufliche Fortkommen ungebührlich behindern? Mit dieser Klausel versucht der Gesetzgeber den Mitarbeiter dahingehend zu schützen, dass nicht Einzelvorkommnisse, atypische Fehlhandlungen, kleine Schwächen, persönliche Animositäten des Beurteilenden, lang zurückliegende Vorkommnisse oder Streitigkeiten am Ende des Beschäftigungsverhältnisses das Gesamtbild überschatten und verzerren, selbst wenn sie zur Lösung des Arbeitsverhältnisses geführt haben (BAG, Urteil vom 23.6.1960, Az.: 5 AZR 560/58). Gerade Letzteres kommt sehr häufig vor, denn es liegt in der Natur des Menschen, dass er besonders anfällig für verzerrte Einschätzungen ist. So erinnert man sich an den letzten Eindruck am besten, weswegen dieser bei der Gesamt-

»Nikolaus-effekt«

beurteilung meist am stärksten ins Gewicht fällt. In der Psychologie spricht man von dem »Recency-« oder auch »Nikolauseffekt« und schon Kinder wissen, dass es sich lohnt, vor dem Nikolaus- oder Weihnachtstag ganz besonders fleißig und brav zu sein.

Leider steht das Wohlwollen gegenüber der Wahrheit auf einer sehr viel subjektiveren Basis und bietet erheblich breitere Ermessensspielräume. Streitigkeiten sind damit vorprogrammiert und so verwundert es nicht, dass bei beanstandeten Angaben im Zeugnis oftmals nicht die Wahrheit strittig ist, sondern mehr die Frage Wohlwollens.

4.2 Wer muss das Zeugnis schreiben und wer unterschreiben?

Der Unternehmer ist verpflichtet, ein Zeugnis zu erteilen, das heißt, auch zu unterschreiben. Diese Aufgabe kann er aber, z.B. an einen betriebsinternen Vertreter, delegieren, was insbesondere in größeren Unternehmen regelmäßig der Fall ist. Den Zeugnistext entwerfen dürften sogar Betriebsfremde (z.B. Anwälte) oder Sie selbst. So kommt es in der Praxis häufig vor, dass der Mitarbeiter gebeten wird, selbst einen Entwurf anzufertigen.

Schwierige Aufgabe

Fordert man Sie auf, Ihr Zeugnis vorzuformulieren, so ist dies ein schmeichelhaftes Angebot, bringt es doch ein gewisses Maß an Vertrauen und Wertschätzung Ihrer Person zum Ausdruck. Es ist gleichzeitig aber auch eine besonders schwierige Aufgabe, für sich selbst ein Zeugnis zu schreiben, fehlt es doch an Distanz und meist auch an Erfahrung auf dem Gebiet der Zeugnissprache. Außerdem lernt man schon als Kind »Eigenlob stinkt« und hat deswegen oft Hemmungen, sich selbst zu loben. Aus diesen Gründen besteht die Gefahr, sich mit unvorteilhaften oder mehrdeutigen Formulierungen, falschen Reihenfolgen oder Leerstellen sowie falscher Bescheidenheit einen Bärendienst zu erweisen. Sie sollten deshalb sorgfältig abwägen, ob Sie sich einer solchen Aufgabe gewachsen sehen. Möchten Sie sich diese lieber nicht aufbürden lassen, dürfen Sie das Angebot auch getrost ablehnen. Als Kompro-

Tipp

»Eigenlob stinkt«

miss könnten Sie vielleicht vorschlagen, den Part der Tätigkeitsbeschreibung zu übernehmen. Hierbei gibt es nur wenige Fallstricke und Sie können sicherlich am besten sagen, welche Aufgaben Ihre Beschäftigung in Laufe der Jahre umfasste.

Fragen Sie den Fachmann

Trauen Sie sich zu, die gebotene Chance zu nutzen, wird Sie dieses Buch tatkräftig in Ihrem Vorhaben unterstützen. Lassen Sie den von Ihnen erstellten Entwurf aber zum Schluss in jedem Fall von dritter, möglichst fachkundiger Seite gegenlesen, bevor Sie ihn Ihrem Arbeitgeber vorlegen. Denn darauf vertrauen, dass dieser den Text schon noch prüfen und ausfeilen wird, können Sie nicht.

Wer aber muss das Zeugnis schließlich unterschreiben? Sie selbst dürfen es natürlich nicht. Auch Betriebsfremde, z.B. der Anwalt des Unternehmens, dürften es nicht (LAG Hamm, Urteil vom 2.11.1966, Az.: 3 Ta 72/66). Lediglich der Unternehmer selbst oder ein geeigneter betriebsinterner Vertreter sind dazu befugt. Unterzeichnet ein interner Vertreter, ist mit der Unterschrift auch das Vertretungsverhältnis und seine Funktion anzugeben, weil die Person und der Rang Aufschluss über die Wertschätzung des Arbeitnehmers und die Kompetenz des Ausstellers zur Beurteilung des Arbeitnehmers und damit über die Richtigkeit der im Zeugnis getroffenen Aussagen gibt (LAG Nürnberg, Beschluss vom 5.12.2002, Az.: 2 Ta 137/02). Wann der Vertreter aus Sicht eines Dritten geeignet ist, die Verantwortung für die Beurteilung des Arbeitnehmers zu übernehmen, wird in den Entscheidungsgründen zum Urteil des Bundesarbeitsgerichts vom 4.10.2005 (Az.: 9 AZR 507/04) sehr ausführlich dargelegt. So heißt es:

Beurteilungskompetenz

 »Die Anforderungen an die unterzeichnende Person ergeben sich aus dem Zweck des Zeugnisses. Es soll ... dem Arbeitnehmer Aufschluss über seine Beurteilung durch den Arbeitgeber geben. ... Mit seiner Unterschrift übernimmt der Unterzeichnende als Aussteller des Zeugnisses die Verantwortung für dessen inhaltliche Richtigkeit. Der Dritte, dem das Zeugnis bestimmungsgemäß als Bewerbungsunterlage vorgelegt wird, soll und muss sich darauf

verlassen können, dass die Aussagen über Leistung und Verhalten des Arbeitnehmers richtig sind. Dieser Zweck erfordert nicht, dass das Zeugnis vom bisherigen Arbeitgeber selbst oder seinem gesetzlichen Vertretungsorgan gefertigt und unterzeichnet wird. Der Arbeitgeber kann einen unternehmensangehörigen Vertreter als Erfüllungsgehilfen beauftragen, das Zeugnis in seinem Namen zu erstellen. In einem solchen Fall sind jedoch das Vertretungsverhältnis und die Funktion des Unterzeichners anzugeben. Fachliche Zuständigkeit und Rang in der Hierarchie geben Aufschluss über die Kompetenz des Ausstellers und ermöglichen dem Zeugnisleser eine Einschätzung der Richtigkeit der im Zeugnis zur Beurteilung des Arbeitnehmers getroffenen Aussagen (BAG 21. September 1999 – 9 AZR 893/98). Die Rechtsprechung fordert deshalb, dass ein das Zeugnis unterschreibender Vertreter des Arbeitgebers ranghöher als der Zeugnisempfänger sein muss. Das setzt regelmäßig voraus, dass er dem Arbeitnehmer gegenüber weisungsbefugt war (BAG 16. November 1995, 8 AZR 983/94). Der Zeugnisleser muss dieses Merkmal ohne weitere Nachforschungen aus dem Zeugnis ablesen können (vgl. BAG 26. Juni 2001– 9 AZR 392/00).«

Ranghöher und weisungsbefugt

Diese Grundsätze gelten auch für den öffentlichen Dienst. Eine davon abweichende behördeninterne Regelung der Zeichnungsbefugnis rechtfertigt dabei keine Ausnahme. So hat beispielsweise ein wissenschaftlicher Mitarbeiter einer Forschungsanstalt darauf geklagt, dass sein Zeugnis nicht nur von der Leiterin des Verwaltungsreferats, sondern (auch) von einem wissenschaftlichen Vorgesetzten unterschrieben wird. Der Klage wurde stattgegeben, denn ohne diese Mitunterzeichnung fehle dem Zeugnis die erforderliche Überzeugungskraft. Im Ergebnis würde die im Zeugnis positiv beurteilte Arbeit des Klägers auf Grund der ersichtlich fehlenden Beurteilungskompetenz der Ausstellerin disqualifiziert und der Kläger in seinem beruflichen Fortkommen beeinträchtigt (BAG, Urteil vom 4.10.2005, Az.: 9 AZR 507/04).

Es kann davon ausgegangen werden, dass ein großer Teil aller Zeugnisse den formalen Ansprüchen der Unterschrift nicht entsprechen. Selbst oder gerade in Konzernen ist es üblich, das Zeugnis nur von der Personalleitung unterschreiben zu lassen, da die internen Kommunikationswege **»Das machen** oftmals sehr lang sind und es Tage oder Wochen dauern **wir immer so«** kann, (zusätzlich) die Unterschrift des Fachvorgesetzten einzuholen, nachdem die Personalstelle den Zeugnistext geschrieben hat. Sie sollten sich nicht von internen Dienstanweisungen oder dem Argument »das machen wir immer so« abschrecken lassen, wenn Sie Ihr Zeugnis diesbezüglich berichtigen lassen wollen.

Es ist noch hinzuzufügen, dass Sie als Mitarbeiter jedoch nicht verlangen können, dass eine bestimmte Person, z.B. der Chef persönlich, Ihr Zeugnis unterschreibt. Kommen mehrere Personen formal für die Unterzeichnung Ihres Zeugnisses in Frage, ist dem Arbeitgeber die Wahl überlassen.

Wurde ein Konkurs-/Insolvenzverfahren eröffnet, ist der Konkurs-/Insolvenzverwalter rechtlich für das Zeugnis zuständig (siehe S. 27). Dies ist insofern problematisch, als er kaum in der Lage sein wird, Ihre Leistung und Ihr Verhalten richtig bewerten zu können. Daher wird er ihnen zwangsläufig nur ein einfaches Zeugnis ausstellen können, sofern er nicht mehr auf die Mithilfe Ihres (ehemaligen) Vorgesetzten, der Personal- oder Geschäftsleitung zurückgreifen kann.

Sofort
handeln!

Drängen Sie im Falle einer bevorstehenden oder bereits eröffneten Insolvenz sofort und massiv auf die Ausstellung eines Zeugnisses. Warten Sie nicht solange, bis alle, die eine Beurteilung Ihrer Leistung abgeben könnten, das sinkende Schiff verlassen haben. Notfalls erstellen Sie selbst einen Entwurf und legen Sie diesen zur Unterschrift vor. Man wird in der gegebenen Situation sicherlich dankbar für die Entlastung sein.

4.3 Äußere Form

Ein Zeugnis muss maschinenschriftlich in DIN-A4-Format und deutscher Sprache erstellt werden. Auch in internationalen Unternehmen hat der Arbeitnehmer keinen Anspruch auf ein anderssprachiges Zeugnis. Es muss sauber und ordentlich sein, darf keine Flecken, Verbesserungen, Durchstreichungen o.Ä. enthalten und natürlich auch keine orthographischen und grammatikalischen Fehler aufweisen (BAG, Urteil vom 3.3.1993, Az.: 5 AZR 182/92 und LAG Düsseldorf, Urteil vom 23.5.1995, Az.: 3 Sa 253/95). Handschriftliche Korrekturen oder Anmerkungen sind nicht erlaubt. Das Falten des Zeugnisses zum Zwecke des Versands ist nach jüngster Rechtsprechung (BAG, Urteil vom 21. 9. 1999, Az.: 9 AZR 893/ 98) zulässig, sofern das Zeugnis kopierfähig bleibt und sich die Knicke nicht durch Schwärzungen auf den Kopien bemerkbar machen. Auch eine technisch einwandfrei hergestellte Kopie ist zulässig, wenn sie original unterschrieben ist (LAG Bremen, NZA 1989, 848).

Achtung Fehlerteufel

Aufgrund des Dokumentencharakters ist ein Zeugnis nicht zu adressieren (LAG Hamburg, Urteil vom 7.9.1993, Az.: 7 Ta 7/93). Dies wäre nicht nur formal falsch, sondern wirkt auch insofern abwertend, da es die Vermutung zulässt, man wolle sich nicht die Mühe eines Begleitschreibens bei der Zusendung des Zeugnisses machen.

Nicht adressieren

Das Zeugnis muss auf dem Geschäftspapier des Unternehmens geschrieben werden. Viele Unternehmen nehmen hierfür so genannte »Repräsentationsbögen«, die meist nur das Logo tragen. Hierdurch soll dem Zeugnis mehr Dokumentencharakter verliehen werden, was in der Regel auch der Fall ist und schöner aussieht. Formal gesehen widerspricht dies der Vorschrift, dass ein Zeugnis mit einem ordnungsgemäßen Briefkopf ausgestattet sein muss, aus dem auch die Anschrift des Ausstellers hervorgeht (BAG, Urteil vom 3.3.1993, Az.: 5 AZR 182/92), wurde aber vom LAG Hamm als zulässig erklärt (LAG Hamm, Urteil vom 27.2.1997, Az.: 4 Sa 1961/96). In jedem Fall gilt ein Zeugnis als nicht ordnungsgemäß ausgestellt, wenn es nur auf einem Blanko-Bogen geschrieben und die Unterschrift mit einem Firmenstempel versehen wurde (BAG, Urteil vom 3.3.1993, Az.: 5 AZR 182/92). Gibt es in dem Unternehmen abteilungseigne Briefbögen, so ist ein Bogen der Abteilung zu verwenden, in der der Mitarbeiter tätig war.

Spezielle Geschäfts-bögen

> **Beispiele**
>
> Hat der Oberarzt in einer chirurgischen Abteilung des Krankenhauses gearbeitet, kann er darauf bestehen, dass sein Zeugnis unter dem Briefkopf der chirurgischen Abteilung abgefasst und von dem Chefarzt und dem Geschäftsführer des Krankenhauses unterzeichnet wird. Ein Zeugnis, das auf dem allgemeinen Briefbogen des Krankenhauses steht und nur von dem Geschäftsführer unterzeichnet wurde, genügt dem Zeugnisanspruch in diesem Fall nicht (LAG Hamm, Urteil vom 21.12.1993, Az.: 4 SA 880/93).
>
> Ein leitender Angestellter, der Anspruch auf die Unterzeichnung seines Zeugnisses durch den Vorstandsvorsitzenden hat, kann verlangen, dass sein Zeugnis nicht auf einem normalen Geschäftsbogen ausgestellt wird, sondern auf einem Vorstandsbogen.

Es darf nichts unterstrichen, kursiv gesetzt oder in »Gänsefüßchen« gesetzt werden, wenn dies dazu führen könnte, dass der Text mehrdeutig wird. Die Überschrift »Zeugnis« darf allerdings fett geschrieben sein. Dahingegen würde aber die Formulierung »... in seiner Position als *Leiter* der Abteilung verstand er es ...« durch die Kursivschrift des Wortes »Leiter« womöglich ironisch verstanden werden. Hervorhebungen durch Ausrufezeichen oder in Klammern hinzugefügte Fragezeichen sind ebenfalls verboten.

Bei der Entscheidung, ob das Zeugnis im Block- oder Flattersatz geschrieben wird, welche Schrifttype und -größe oder welcher Zeilenabstand gewählt wird, ist der Arbeitgeber frei, solange das Zeugnis nicht nur mit Lupe lesbar ist, sondern ordentlich aussieht. Am gängigsten ist eine einzeilige Schreibweise mit einer Schriftgröße von zehn bis zwölf Punkt, je nach Schriftart. Auch die Gestaltung der Tätigkeitsbeschreibung ist Geschmackssache. Nach einer eigenen Untersuchung beinhalten im Fach- und Führungsbereich 70 Prozent der Zeugnisse eine oder mehrere tabellarische Aufzählungen, während in den restlichen 30 Prozent die Tätigkeit ausschließlich in Form eines Fließtextes beschrieben wurde. **Tabellarische Aufzählung**

Zuletzt sei noch erwähnt, dass ein Zeugnis eine Urkunde und kein Brief ist. Es muss daher nicht in der persönlichen Anredeform, sondern in der dritten Person abgefasst werden (LAG Düsseldorf, Urteil vom 23.5.1995, Az.: 3 Sa 253/95). Possessivpronomen (ihr, ihre, ihm, ihnen) sind somit auch nicht höflichkeitshalber groß zu schreiben – ein Fehler, der sich leider nur allzu oft versehentlich einschleicht. Auch nett gemeinte »freundliche Grüße« bei der Unterschrift sind völlig fehl am Platze und entlarven den Schreiber als wenig bewandert bei der Ausstellung von Arbeitszeugnissen.

4.4   Ausstellungsdatum

Das Zeugnis muss mit einem Ausstellungsdatum versehen werden (Hessisches LAG, Urteil vom 2.7.1997, Az.: 16 Ta 378/97 und LAG Bremen, Urteil vom 23.6.1989, Az.: 4 Sa 320/88), wobei dieses aber nicht zwangläufig identisch sein muss mit dem Austrittsdatum (rechtliches Ende des Beschäftigungsverhältnisses) oder dem letzten Arbeitstag.

Sie haben in der Regel keinen Anspruch auf die Verwendung eines bestimmten Ausstellungsdatums und können somit nicht verlangen, dass das Zeugnis auf das Austrittsdatum datiert wird (LAG Frankfurt a.M., Urteil vom 3.5.1995, Az.: IV LA - B - 19/55), auch wenn Zeugnisse meist auf dieses Datum ausgestellt werden (LAG Bremen, Urteil vom 23.6.1989, Az.: 4 Sa 320/88).

Weicht das Ausstellungsdatum um einige Tage oder auch ein bis zwei Wochen vom Austrittsdatum ab, ist dies völlig unbedenklich. Negativ wirkt dahingegen ein sehr spätes Ausstellungsdatum. Wird das Zeugnis erst mehrere Wo- **Spätes Ausstellungs- datum**

chen oder Monate nach dem Beschäftigungsende ausgestellt, signalisiert dies dem Leser eventuelle Streitigkeiten,
ggf. sogar eine gerichtliche Auseinandersetzung. Deshalb
gewährt die Rechtsprechung einen Anspruch auf Rückda-

**Rück-
datierung**
tierung, sofern der Arbeitnehmer das Zeugnis rechtzeitig
vor dem Ausscheiden beantragt hat und die verspätete
Ausstellung nicht von ihm zu vertreten ist (BAG, Urteil
vom 9.9.1992, Az.: 5 AZR 509/91) Auch ein berichtigtes Zeugnis muss aus diesem Grund das Datum des ursprünglichen Zeugnisses tragen (LAG Hamm, Urteil vom
17.6.1999, Az.: 4 Sa 2587/98; BAG, Urteil vom 9.9.1992,
Az.: 5 AZR 509/91; LAG Bremen, Urteil vom 23.6.1989,
Az.: 4 Sa 320/88).

 Haben Sie das Zeugnis erst nach Ihrem Ausscheiden verlangt, darf das Zeugnis das spätere Ausstellungsdatum
tragen und es kann von Ihnen keine Rückdatierung verlangt werden. Jedoch hätte Ihr Arbeitgeber in einem solchen Fall das Recht, das Zeugnis wohlwollend auf den
Austrittstag zurückzudatieren (LAG Hamm, Urteil vom
27.2.1997, Az.: 4 Sa 1691/96).

4.5 Verbotene Inhalte

**Negatives
darf erwähnt
werden**
In den wenigen Gesetzen, die es zu Arbeitszeugnissen
gibt, finden sich keine konkreten Inhaltsverbote. Im Rahmen der Wahrheitspflicht dürfte in einem Zeugnis somit
sehr klar und deutlich auch Negatives stehen. Unter Umständen ist der Arbeitgeber aufgrund seiner Haftung und
Schadenersatzpflicht gegenüber Dritten (siehe nächstes
Kapitel) sogar dazu verpflichtet, negative Umstände zu
erwähnen. Gleichzeitig unterliegt der Aussteller aber auch
der Wohlwollenspflicht, die den Arbeitnehmer vor diffa-
mierenden Äußerungen oder einer verzerrten Darstellung
seiner Leistung bzw. seines Verhaltens schützen soll. So
haben sich aus der Rechtsprechung heraus viele Inhaltsverbote entwickelt. Dementsprechend gibt es Vieles, was
nicht oder nur mit dem Einverständnis des Arbeitnehmers
erwähnt werden darf, auch wenn es richtig und wahr ist.

Die nachfolgende Liste zeigt auf, was nicht in ein Zeugnis gehört und in der Regel beanstandet werden könnte:

- Sichtbare Korrekturen, Flecke, Lochungen, Schreibfehler
- Geheimzeichen und -codes (siehe S. 80 f.)
- Angaben zu Gesundheit/Behinderung; Angaben zu Alkoholmissbrauch, soweit einem zukünftigen Arbeitgeber daraus nicht ein Schaden entstehen könnte.

Was nicht im Zeugnis stehen darf

- Fehlzeiten, krankheitsbedingt, unentschuldigt oder wegen Streik, Fehlzeiten wegen Mutterschutz/Elternzeit (Ausnahmen möglich)
- Angaben zum Privatleben oder außerdienstlichen Belangen (z.B. Nebentätigkeit), es sei denn, sie berühren den dienstlichen Bereich
- Mitgliedschaft in Mitarbeitervertretung (ggf. Ausnahme bei Freistellung), Gewerkschaft oder Partei
- Schlechtleistungen oder Abmahnungen des Arbeitnehmers (Ausnahme: schwerwiegende arbeitsrechtliche Verstöße)
- Straftaten, ohne Zusammenhang mit der Tätigkeit
- Bloße Annahmen, unbewiesene Verfehlungen
- Kündigungsgründe, Kündigungsmodalitäten (z.B. fristlose Kündigung)
- Wettbewerbsverbote

Manchmal ist es für einen Zeugnisaussteller sehr schwierig, die richtige Balance zwischen Wohlwollen und Wahrheit zu finden. Denn wo findet die Rücksichtnahme auf das weitere Fortkommen des Arbeitnehmers ihre Grenze und wann ist ein Einzelvorkommnis so erheblich, dass es erwähnt werden darf? Diese Fragen können nur von Fall zu Fall unter Berücksichtigung der individuellen Gegebenheiten beantwortet werden. Ein Blick auf die Rechtsprechung bietet Beispiele, die eventuell als Orientierungshilfe dienen können:

Beispiel 1

Eine Rechtsanwaltsfachangestellte wurde wegen Diebstahls fristlos entlassen und es wurde gegen sie ein Ermittlungsverfahren eingeleitet. Das Landesarbeitsgericht Düsseldorf untersagte in seinem Urteil vom 3.5.2005 – (Az.: 3 Sa 359/05) die Erwähnung dieses Ermittlungsverfahrens. Die gleichzeitige Nichterwähnung von Zuverlässigkeit und Vertrauenswürdigkeit musste hier ausreichen und einem Folgearbeitgeber Warnung genug sein.

Beispiel 2

Anders entschied der Bundesgerichtshof in dem Fall eines kaufmännischen Mitarbeiters, bei dem umfangreiche Unterschlagungen im Zeugnis nicht erwähnt wurden, weswegen ein geschädigter Folgearbeitgeber erfolgreich auf Schadenersatz klagte. Nach Ansicht des Gerichtes reichte hier das »beredte Schweigen« zur Ehrlichkeit nicht aus, um bei dem Folgearbeitgeber diesbezügliche Bedenken auszulösen (BGH, Urteil vom 22.9.1970, Az.: VI ZR 193/69).

Beispiel 3

Auch in dem Urteil des Bundesarbeitsgerichtes vom 5.8.1976 (Az.: 3 AZR 491/75) wurde dem Schutz von Dritten höhere Priorität eingeräumt als dem Schutz des Mitarbeiters. So sah es das Gericht als durchaus richtig an, ein anhängiges Strafverfahren wegen sittlicher Verfehlungen eines Heimerziehers (Zeugnisempfänger) an seinen Pfleglingen im Zeugnis wie auch bei einem telefonischen Auskunftsgesuch zu erwähnen und wies die Klage des Mitarbeiters ab, der – nach seinem Freispruch – Schadenersatz forderte.

Auch die Abgrenzung zwischen dienstlichen und privaten Belangen ist manchmal schwierig. Denn in die Beurteilung der Führung fällt das außerdienstliche Verhalten nur dann, wenn es das dienstliche beeinflusst, wie z.B. die Verschwendungssucht eines Kassierers (LAG Hamm, Urteil vom 17.6.1999, Az.: 4 Sa 2587/98). Nutzt der Arbeitnehmer in fahruntüchtigem Zustand unbefugt ein Dienstfahrzeug seines Arbeitgebers zu einer Privatfahrt und wird deswegen strafgerichtlich verurteilt, so ist hiervon ebenfalls die dienstliche Führung des Arbeitnehmers betroffen (BAG, Urteil vom 29.1.1986, Az.: 4 AZR 479/84).

Die Zugehörigkeit eines Arbeitnehmers zum Betriebsrat darf in der Regel nicht genannt werden, schon weil die Ausübung dieser Funktion mit der Art des Arbeitsverhältnisses nichts zu tun hat und nicht in den Weisungsbereich des Arbeitgebers fällt. Aber auch hier gibt es Ausnahmen von der Regel. So kann dann etwas anderes gelten, wenn der Arbeitnehmer vor seinem Ausscheiden lange Zeit ausschließlich für den Betriebsrat gearbeitet hat und sich so weit von seiner eigentlichen Tätigkeit entfremdet hat, dass der Arbeitgeber infolgedessen überhaupt nicht mehr in der Lage ist, dessen Leistungen und Führung verantwortlich zu beurteilen (Hessisches LAG, Urteil vom 10.3.1977, Az.: 6 Sa 779/76). Wann aber ist diese Situation gegeben? Diese Frage kann nur Berücksichtigung der individuellen Gegebenheiten beantwortet werden. In dem Fall einer Krankenschwester sah beispielsweise das Gericht nach mehr als vier Jahren der Freistellung noch eine Beurteilungsgrundlage als gegeben, da die Mitarbeiterin gelegentlich in Vertretung auf der Station gearbeitet hatte und zudem ihre fachlichen Kenntnisse durch die Teilnahme an Fortbildungen auf den aktuellen Stand gehalten hatte (Hessisches LAG, Urteil vom 19.11.1993, Az.: 9 Sa 111/93).

Betriebsrats-tätigkeit

Freistellung

Endete das Arbeitsverhältnis durch einen Vertragsbruch seitens des Arbeitnehmers, darf dies nach der heutigen Rechtsprechung nicht erwähnt werden. So sieht es zumindest das LAG Köln in seinem Urteil vom 8.11.1989 (Az.: 5 Sa 799/89). Auch das Landesarbeitsgericht Hamm empfindet den Satz »Herr L. hat seinen Arbeitsplatz vertragswidrig und vorzeitig verlassen« als nicht wohlwollend und damit als inakzeptabel.

Vertragsbruch

Es schlug alternativ die andeutende Formulierung »Herr L. hat unsere Gesellschaft aus eigenem Entschluss am … verlassen, um sofort eine neue Tätigkeit aufzunehmen« vor

(LAG Hamm, Urteil vom 24.9.1985, Az.: 13 Sa 833/85). In einem anderen, späteren Urteil räumt das gleiche Gericht ein, dass ein Vertragsbruch Einfluss auf die Verhaltensbeurteilung haben dürfe, da eine »objektiv richtige Beurteilung der Führung des Arbeitnehmers an der Tatsache des Vertragsbruchs ... nicht vorüber gehen kann« (LAG Hamm, Urteil vom 27.2.1997, Az.: 4 Sa 1691/96).

4.6 Haftung und Schadenersatz

Wer ein Zeugnis ausstellt, sollte sich über die rechtlichen Konsequenzen bewusst sein. Die Bindungswirkung von Zwischenzeugnissen und deren Auswirkungen auf personelle Entscheidungen des eigenen Unternehmens (z.B. bei Gehaltserhöhungen oder Kündigungen) wurde bereits auf S. 17 erläutert.

Gegenüber Mitarbeiter Für den Zeugnisaussteller ergeben sich jedoch noch weitere Konsequenzen. Vielmehr haftet er dem Arbeitnehmer gegenüber für Schäden, die sich aus einem gar nicht bzw. zu spät ausgestellten Zeugnis, einem inhaltlich falschen Zeugnis (positive Vertragsverletzung) oder aus einer unrichtigen mündlichen Auskunft ergeben (LAG Hamm, Urteil vom 11.7.1996, Az.: 4 Sa 1534/95).

Tipp Entgeht Ihnen also beispielsweise ein Job, weil Ihr ehemaliger Arbeitgeber schuldhaft mit dem Zeugnis in Verzug war, können Sie ihn auf Schadensersatz verklagen. Dies gilt natürlich auch, wenn Sie im Zeugnis objektiv, das heißt, nachweisbar zu schlecht beurteilt oder Ihre berufliche Erfahrung falsch dargestellt wurde und Sie deswegen eine Stellung nicht erhalten haben. Ihnen muss allerdings **Nachweisbarer Schaden** tatsächlich ein Schaden entstanden sein (z.B. entgangener Lohn), der nachweislich auf das fehlende oder zu schlechte Zeugnis zurück zu führen ist, wobei die Beweislast bei Ihnen liegt (BAG, Urteil vom 16.11.1995, Az.: 8 AZR 983/94). Die bloße Behauptung, Sie hätten mit einem besseren Zeugnis sicherlich schneller eine neue Anstellung gefunden, reicht demnach nicht aus. Vielmehr müssen Sie belegen können, dass ein bestimmter Arbeitgeber Sie einstellen wollte und dies nur aufgrund des fehlerhaften oder fehlenden Zeugnisses nicht getan hat.

Wegen unwahrer Angaben im Zeugnis und des sich daraus erwachsenen Schadens kann der Zeugnisaussteller aber auch von dem Folgearbeitgeber in Regress genommen werden, obwohl zwischen den beiden Parteien kein Vertragsverhältnis besteht. Denn nach Auffassung des Bundesgerichtshofes stellt ein Zeugnis eine rechtsgeschäftliche Erklärung gegenüber dem zukünftigen Arbeitgeber dar. Sicherlich sind derartige Fälle selten, aber es gibt sie.

Gegenüber Folgearbeitgeber

Beispiele

So verurteilte das Oberlandesarbeitsgericht in München den vorherigen Arbeitgeber auf 20.000 DM Schadenersatz, da dieser den ausscheidenden Mitarbeiter als »äußerst zuverlässig« beschrieben hatte, obwohl er an seiner alten (wie auch dann an seiner neuen) Arbeitsstelle bei Diebstählen erwischt wurde (OLG München, Az.: 23 U 2925/99).

In einem anderen Fall wurde ein ehemaliger Arbeitgeber auf Schadenersatz verurteilt, weil das Zeugnis des bei ihm beschäftigten Buchhalters die fristlose Kündigung wegen Unterschlagung nicht erkennen ließ und dieser Buchhalter acht Jahre später bei einem anderen Arbeitgeber erneut Unterschlagungen in einem Umfang von ca. 140.000 DM beging (BGH, Urteil vom 22.9.1970, Az.: VI ZR 193/69).

Ganz ähnlich war auch der Fall eines Erziehers gelagert, der die ihm von seinen Schützlingen anvertrauten Gelder unterschlagen hatte, was aber im Zeugnis unerwähnt blieb. Stattdessen wurde ihm bescheinigt, »eine wertvolle Stütze auf dem Gebiet der Bekämpfung und Verwahrlosung der Jugend« gewesen zu sein (BGH, Urteil vom 26.11.1963, Az.: VI ZR 221/62). Auch in der Schweiz wurde ein Unternehmen auf Schadenersatz verurteilt, weil das Bundesgericht einen Kausalzusammenhang zwischen der Unterschlagung beim alten und der erneuten Unterschlagung beim ahnungslosen neuen Arbeitgeber als gegeben sah (BGE 101 II 73 E. 3b).

5. Berichtigung

Verlangen Sie eine Berichtigung

Entspricht Ihr Zeugnis nicht den formalen Anforderungen, ist es nicht umfassend genug, sachlich falsch oder in der Beurteilung unangemessen und würde es Sie in Ihrem beruflichen Fortkommen ungebührlich behindern, können Sie eine Berichtigung verlangen (LAG Hamm, Urteil vom 13.2.1992, Az.: 4 Sa 1077/91). Selbst wenn das Zeugnis in seiner ursprünglichen Form formal und inhaltlich richtig bzw. angemessen war, gibt es Fälle, die eine Änderung erforderlich machen. So hat ein Arbeitnehmer bei Geschlechts- und Namensänderung aufgrund von Transsexualität auch Jahre später noch Anspruch auf Neuausstellung seines damaligen Arbeitszeugnisses mit gleichem Inhalt, jedoch geändertem Namen und in der geänderten Geschlechtsform (LAG Hamm, Urteil vom 17.12.1998, Az.: 4 Sa 1337/98).

Berichtigung nur an reklamierten Stellen

In vielen Fällen ist der Berichtigungsanspruch völlig unstrittig und problemlos durchsetzbar, geht es beispielsweise um die Berichtung falscher Daten oder Rechtschreibfehler. Gelegentlich kommt es jedoch vor, dass der Arbeitgeber in einem solch unstrittigen Fall zwar dem Berichtigungsverlangen nachkommt, aus Verärgerung darüber das Zeugnis aber nicht nur an den reklamierten Stellen ändert, sondern von sich aus noch weitere Änderungen vornimmt. Dies ist nicht zulässig. Er ist an seine bisherigen Beurteilungen gebunden, soweit keine neuen Umstände eine schlechtere Beurteilung rechtfertigen. So sah es auch das Bundesarbeitsgericht in seinem Urteil vom 21.6.2005 (Az.: 9 AZR 352/04). In diesem Fall hatte eine Mitarbeiterin die Berichtigung des falschen Geburtsortes verlangt, woraufhin der Arbeitgeber auch gleich die Verhaltensbeurteilung von »Ihr persönliches Verhalten gegenüber Vorgesetzten und Mitarbeitern war stets einwandfrei« in »Ihr persönliches Verhalten gegenüber Mitarbeitern und Vorgesetzten war in der Zeit ihrer Anstellung einwandfrei« änderte, was schon aufgrund der geänderten Reihenfolge von Mitarbeitern und Vorgesetzten nunmehr Kritik andeutet.

Schwierig wird es, wenn sich Ihr Arbeitgeber weigert, das Zeugnis zu berichtigen. Dann wären Sie nämlich notfalls gezwungen, vor Gericht zu ziehen. Lassen Sie sich aber von einem »Nein« nicht gleich einschüchtern. Der Weg bis vor Gericht ist noch weit und wenn Sie Ihren Berichtigungsanspruch entschlossenen und zielstrebig verteidigen, werden Sie sich sicherlich auch außergerichtlich mit Ihrem Arbeitgeber einigen können.

5.1 Fristen

Wollen Sie die Berichtigung Ihres Zeugnisses verlangen, sind die gleichen Verjährungs-, Verwirkungs- und Ausschlussfristen einzuhalten wie beim Zeugnisanspruch (siehe S. 34). Auch hier zählt die Parole: Nichts auf die lange Bank schieben! Spätestens vier Monate nach Erhalt des Zeugnisses sollten Sie Ihr Zeugnis reklamiert und Berichtigung verlangt haben.

Nicht auf die lange Bank schieben

Haben Sie kurz nach Erhalt Ihres Zeugnisses eine allgemein formulierte Ausgleichsquittung unterschrieben, die Ihren Arbeitgeber von weiteren Ansprüchen frei hält, und stellen Sie dann erst fest, dass Ihr Zeugnis deutliche Mängel aufweist, so können Sie diese nach wie vor reklamieren. Ihr Berichtigungsanspruch durch die Ausgleichsquittung nicht ausgeschlossen (LAG Düsseldorf, Urteil vom 23.5.1995, Az.: 3 Sa 253/95).

5.2 Wie reklamiere ich ein Zeugnis?

Die Vorgehensweise bei der Reklamation hängt zunächst von der individuellen Situation bzw. Stimmung ab. Ist das Verhältnis zwischen Ihnen und Ihrem Arbeitgeber nicht erheblich belastet, sollten Sie Ihre Änderungswünsche zunächst einmal in einem persönlichen Gespräch erörtern. Häufig stellt sich dabei heraus, dass das Zeugnis lediglich aus Unkenntnis oder Nachlässigkeit Mängel aufweist und eine negative Beurteilung gar nicht beabsichtigt war.

Hilfreich ist es, sich bei einer Zeugnisberatung ein schriftliches Gutachten erstellen zu lassen, dass Ihnen als Argu-

Gutachten mentationsgrundlage für ein solches Gespräch dient. Ihr Arbeitgeber kann dann Ihre Einwände nicht einfach mit dem Kommentar vom Tisch wischen, dass Sie ja keine Ahnung von Zeugnissen hätten oder alles nur subjektiv und falsch sehen.

 Ist Ihr Arbeitgeber zu einer Berichtigung des Zeugnisses bereit, sind Sie verpflichtet, ihm die alte Version spätestens im Gegenzug mir der Übergabe des neuen Zeugnisses zurückzugeben (LAG Hamm, Urteil vom 27.2.1997, Az.: 4 Sa 1691/96).

Schriftlich und nachweisbar Sollte in einem Gespräch eine Einigung nicht möglich sein, müssen Sie (noch einmal) schriftlich und nachweisbar (Einschreiben mit Rückschein) eine Berichtigung des Zeugnisses verlangen, wobei genau zu spezifizieren ist, was Sie konkret bemängeln bzw. in welcher Weise das Zeugnis korrigiert werden soll. Gegebenenfalls empfiehlt es sich sogar, Ihrerseits einen Entwurf bzw. eine korrigierte Version beizufügen.

 Die Nachweisbarkeit des Berichtigungsverlangens ist insofern wichtig, da sie ausschlaggebend für die Unterbrechung der Verwirkungs- und Ausschlussfristen ist.

Für die Berichtigung sollte eine angemessene Frist von zwei bis drei Wochen eingeräumt werden. Reagiert Ihr Arbeitgeber nicht bzw. verweigert er eine Berichtigung, **Anwaltliche Hilfe** sollten Sie einen Fachanwalt für Arbeitsrecht aufsuchen. Dieser wird dann seinerseits Ihren Arbeitgeber zur Berichtung auffordern. Hilft auch dies nicht, bleibt nur noch eine Klage vor Gericht (siehe unten), bei der Sie als Kläger die Punkte benennen müssen, deren Abänderung Sie begehren. Weil das Zeugnis ein einheitliches Ganzes ist und seine Teile nicht ohne Gefahr der Sinnentstellung auseinander gerissen werden können, ist das Gericht dann befugt, das gesamte Zeugnis zu überprüfen und unter Umständen ganz oder passagenweise selbst neu zu formulieren (BAG, Urteil vom 23.6.1960, Az.: 5 AZR 560/58).

Das Zeugnisrecht fällt nicht in den Kompetenzbereich von Mitarbeitervertretungen. Daher müssen diese auch nicht bei der Erteilung von Zeugnissen oder deren Berichtigung hinzugezogen werden. In manchen Fällen kann es aber trotzdem sinnvoll sein, den Betriebs- oder Personalrat einzuschalten, insbesondere dann, wenn die Situation verfahren ist und eine arbeitsgerichtliche Auseinandersetzung als unvermeidbar erscheint. Der Betriebsrat kann dabei jedoch nur vermittelnd tätig werden, nicht aber betriebsverfassungsrechtlich Einfluss nehmen.

Beteiligung von Mitarbeitervertretungen

5.3 Prozess

Können Sie sich mit dem Arbeitgeber nicht einigen, haben Sie die Möglichkeit, Klage vor dem Arbeitsgericht oder für den Fall, dass Beamtenrecht Anwendung findet, vor dem Verwaltungsgericht einzureichen. Organmitglieder juristischer Personen, z.B. Geschäftsführer, müssen vor dem Landgericht klagen. Für die Berichtigung einer Arbeitsbescheinigung für das Arbeitsamt sind die Sozialgerichte und nicht die Arbeitsgerichte zuständig, da es sich hierbei nicht um ein Arbeitszeugnis im eigentlichen Sinne handelt.

Klage vor dem Arbeitsgericht

Zuständig ist jeweils das Gericht, in dessen Bezirk die Arbeitsleistung erbracht wurde, wahlweise auch der Geschäftssitz des Arbeitgebers. Heimarbeiter oder Außendienstmitarbeiter, die ihre Fahrten von zuhause aus beginnen, können auch vor dem Arbeitsgericht ihres Wohnortes klagen.

In der ersten Instanz besteht keine Anwaltspflicht, so dass Sie den Prozess auch selbst führen oder sich gewerkschaftlich vertreten lassen können. In der Berufungsinstanz (Landesarbeitsgericht) kommen Sie dann jedoch nicht mehr um einen Anwalt oder eine gewerkschaftliche Rechtsvertretung umhin. In der Revisionsinstanz (Bundesarbeitsgericht) sind schließlich nur noch Anwälte zugelassen.

a) Ablauf und Dauer des Verfahrens

**Güte-
verhandlung**

In der ersten Instanz wird zunächst eine Güteverhandlung durchgeführt. Scheitert diese und können sich die Parteien nicht auf einen Vergleich einigen, folgt ein Kammertermin und schließlich ein Urteil. Geht eine Partei in Berufung, folgen Verhandlungen in den nächsten Instanzen. Haben Sie sich auf einen Vergleich geeinigt oder wurde ein Urteil zu Ihren Gunsten gesprochen, verfügen Sie über einen vollstreckbaren Titel. Diesen können Sie notfalls durch Festsetzung eines Zwangsgelds oder in Ausnahmefällen durch Festsetzung einer Zwangsstrafe vollstrecken lassen, sollte Ihr Arbeitgeber – was sehr unwahrscheinlich ist – nicht seinen auf dem Urteil basierenden Pflichten nachkommen.

Mehrere Jahre

Insgesamt kann sich so ein Rechtsstreit leicht über mehrere Jahre hinziehen, denn anders als bei Kündigungsstreitigkeiten ist bei Zeugnisprozessen kein beschleunigtes Verfahren vorgesehen.

**Einstweilige
Verfügung**

In Ausnahmefällen kann auch ein Zeugnisberichtigungsanspruch im Wege der einstweiligen Verfügung durchgesetzt werden. Dazu bedarf es neben der Glaubhaftmachung, dass ein Obsiegen im Verfahren zur Hauptsache überwiegend wahrscheinlich ist (Verfügungsanspruch), auch der Darlegung und Glaubhaftmachung, dass das erteilte Zeugnis schon nach der äußeren Form und seinem Inhalt als Grundlage für eine Bewerbung ungeeignet ist (Verfügungsgrund). In dem Beschluss des Landesarbeitsgericht Köln heißt es mit anderen Worten: »Das qualifizierte Zeugnis entspricht schon der äußeren Form nach nicht den zu stellenden Anforderungen, bei der Beschreibung der ausgeübten Tätigkeiten ist es derart unvollständig und bei der Bewertung von Führung und Leistung enthält es derart ungünstige, möglicherweise sogar unsachliche Aussagen, dass eine erfolgreiche Bewerbung von vornherein als ausgeschlossen erscheint. In diesen Fällen fehlt es an der Grundlage für Bewerbungen um einen Arbeitsplatz. Die Situation ist dieselbe wie bei der Versagung des Zeugnisses überhaupt« (LAG Köln, Beschluss vom 5.5.2003, Az.: 12 Ta 133/03).

b) Prozesskosten

Der Streitwert beträgt bei Klagen auf Erteilung eines qua- **Streitwert**
lifizierten Zeugnisses in der Regel bis zu einem Bruttomo-
natsgehalt (LAG Köln, Urteil vom 29.12.2000, Az.: 8 TA
299/00 und LAG Düsseldorf, Urteil vom 26.8.1982, Az.: 7
Ta 191/81). Er kann aber auch darunter liegen. So bewer-
teten ihn das Landesarbeitsgericht Hamm und das Landesarbeitsgericht Baden-Württemberg mit nur der Hälfte
des Monatsentgelts (LAG Hamm, Urteil vom 23.2.1989,
Az.: 8 TA 3/89 und LAG Baden-Württemberg, Urteil vom
30.11.1976, Az.: 1 a Ta 119/76).

Nach dem Streitwert berechnet sich wiederum die Höhe
der Anwalts- und Prozesskosten, sofern mit dem Anwalt
nicht eine individuelle Honorarvereinbarung getroffen
wurde.

In Zivilprozessen muss normalerweise die Verliererpartei
sämtliche Kosten übernehmen. Eine wichtige Ausnahme
bildet dabei der Arbeitsgerichtsprozess in der ersten Instanz: hier trägt nämlich jede Partei ihre Anwaltskosten
unabhängig vom Ausgang des Verfahrens selbst. Nur die **Jede Partei**
Gerichtskosten werden der unterlegenen Partei auferlegt. **trägt die eige-**
Erst bei Klagen vor dem Landes- oder Bundesarbeitsge- **nen Kosten**
richt muss der Verlierer die Kosten der Gegenpartei übernehmen. Dabei muss er übrigens immer nur die Kosten in
der Höhe der gesetzlichen Gebühren erstatten. Eine höher
liegende Honorarvereinbarung muss er nicht erstatten.
Hat der Arbeitnehmer eine Rechtschutzversicherung, die
auch arbeitsrechtliche Verfahren einschließt, trägt diese
die Kosten.

Folgende Rechnung soll Ihnen einen ungefähren Eindruck
des Prozesskostenrisikos vermitteln.

Beispiel

Ausgehend von einem Monatseinkommen in Höhe von 2.500 Euro brutto (= Gegenstandswert) und der Annahme, dass Sie sich von einem eigenen Anwalt vertreten lassen, würden für die erste Instanz in etwa folgende Kosten entstehen:

Eigener Anwalt	422,50 Euro
zuzügl. 19 % Mehrwertsteuer	80,28 Euro
Gerichtskosten	162,00 Euro
Gesamt	**664,78 Euro**
Für den Fall eines Vergleichs kämen hinzu	161,00 Euro
zuzügl. 19 % Mehrwertsteuer	30,59 Euro
Gesamt	**191,59 Euro**

Kostenberechnung nach dem Rechtsanwaltsvergütungsgesetz vom 12.3.2004 und nach dem Gerichtskostengesetz vom 12.3.2004.

c) Beweislast

Bei einem Streit über die Benotung kann die Beweislast in einem Arbeitsprozess sowohl bei der einen als auch bei der anderen Partei liegen, jenachdem, ob das Zeugnis schlechter als Note 3 ist oder besser als Note 3 sein soll. Note 3 ist deswegen das Ausgangsmaß, weil der Arbeitnehmer eine Leistung mittlerer Art und Güte, das heißt, eine befriedigende Leistung schuldet (§ 243 Abs. 1 BGB), wofür dann auch ein befriedigendes Zeugnis angemessen wäre. Erbrachte der Arbeitnehmer nun aber überdurch- **Beim Arbeit-** schnittliche Leistungen und will er deswegen ein besseres **geber oder** Zeugnis erstreiten, muss er belegen können, warum er ein **-nehmer** solches verdient hat (BAG, Urteil vom 14.10.2003, Az.: 9 AZR 12/03). Will der Arbeitgeber hingegen ein schlechteres Zeugnis ausstellen, muss er beweisen, warum die Leistungen oder das Verhalten des Mitarbeiters als unterdurchschnittlich oder schlecht zu bewerten sind (LAG Düsseldorf, Urteil vom 11.6.2003, Az.: 12 Sa 354/03).

Als Beweismittel kommen Aussagen von ehemaligen Kollegen oder Mitarbeitern, Abmahnungen, Belobigungen, interne Beurteilungen, Zwischenzeugnisse o.Ä. in Betracht.

Beweismittel

Geht der Streit nicht um die Frage der Note, sondern vielmehr um die Frage, wie die entsprechende Note adäquat im Zeugnis widergespiegelt wird, sollten Sie spätestens im Stadium der gerichtlichen Auseinandersetzung ein Gutachten von dritter Seite hinzuziehen. Denn auch wenn Ihr Anwalt auf Arbeitsrecht spezialisiert ist, so wird er nur relativ selten mit Zeugnissen zu tun haben. Professionelle Gutachter befassen sich dahingegen regelmäßig mit Zeugnissen und verfügen daher über sehr profunde Kenntnisse der aktuellen Zeugnissprache.

Gutachter

Kapitel 2
Lob und Tadel

1. »Zeugnissprache« im Wandel der Zeit

Konformität Zeugnisse gibt es, wie bereits im ersten Kapitel erwähnt, bereits seit Jahrhunderten. So wie sich der allgemeine Sprachgebrauch in der Zwischenzeit verändert hat, so hat sich natürlich auch die in den Zeugnissen verwendete Sprache verändert. Auch wenn die Konformität im Sprachstil von Zeugnissen durch die Verbreitung von speziellen Softwareprogrammen in den letzten Jahren in rasantem Maße zunimmt, sind floskelhafte Formulierungen keineswegs eine Mode heutiger Zeit. Sie wurden vermutlich schon so lange verwendet, wie Zeugnisse ausgestellt werden – zumindest lassen Dokumente aus dem vorletzten Jahrhundert darauf schließen. Die damaligen Floskeln sind den heutigen teils sogar erstaunlich ähnlich, insbesondere bei der Zufriedenheitsformel.

Dank und Bedauern Zeugnisse unterliegen somit längst nicht einem so schnellen Wandel, wie es manch einer vermuten mag. Die entscheidendsten Veränderungen der letzten 40 Jahre betreffen die Schlussformulierungen. Früher wurden Zeugnisse nämlich lediglich mit guten Wünschen für die Zukunft beendet. Dem Mitarbeiter zu danken oder sein Ausscheiden zu bedauern war nicht üblich. Heute darf dahingegen ein Dank und Bedauern nicht fehlen, wenn es sich um ein gutes Zeugnis handelt.

2. Gibt es eine einheitliche »Zeugnissprache«?

Zwar gleichen sich Zeugnisse durch die Verwendung von Textbausteinen dem äußeren Anschein nach immer mehr an, doch sind die Bewertungsmaßstäbe bei der Auslegung von Formulierungen nicht immer einheitlich, was die treffsichere Interpretation eines Zeugnisses sehr erschwert. So sind sich nicht einmal die Fachleute in der Rückübersetzung bestimmter Formulierungen einig und es finden sich in Literatur oder Softwareprogrammen identische Sätze in unterschiedlichen Notenkategorien. Umgekehrt werden für gleiche Klartextformulierungen voneinander abweichende Zeugnisphrasen angeführt. Dieses Wirrwarr ist dadurch bedingt, dass in den Veröffentlichungen Autoren mit manchmal zweifelhafter Fachkompetenz teils ungenau zitieren oder Phrasen nach eigenem Gutdünken verändern oder interpretieren. Die Ur-Quelle einer Formulierung ist dabei in der Regel nicht bekannt und ließe sich auch gar nicht mehr zurückverfolgen.

Wirrwarr

Darüber hinaus tragen auch die Gerichte eine Mitschuld an dem Dilemma. Aufgrund der wenigen Gesetzesvorgaben zum Thema Arbeitszeugnis hängen die Urteile maßgeblich von der persönlichen Einschätzung der Richter ab. Diese betrachten Zeugnisse aber mehr aus juristisch-formaler Sicht und verfügen über einen anderen, in der Regel auch geringeren Erfahrungsschatz im Umgang mit Zeugnissen als Personalfachleute. So wird der abwertende Charakter von Formulierungen manchmal nicht erkannt und in Zweifelsfällen der Formulierungsfreiheit des Arbeitgebers Vorrang eingeräumt, weswegen viele Urteile an der Auslegungspraxis im Personalbereich vorbei gehen oder von anderen Rechtsprechungen abweichen. Einige Beispiele sollen dies verdeutlichen.

Voneinander abweichende Urteile

Beispiel 1

Das Landesarbeitsgericht Hamm behauptet in seinem Urteil vom 27.4.2000 (Az.: 4 Sa 1018/99), dass die Formulierung »als freundliche und zuverlässige Mitarbeiterin kennen gelernt« keine positive Aussage wäre, weil die Verwendung von »kennen gelernt« in Arbeitszeugnissen zum Ausdruck bringt, dass die in diesem Zusammenhang erwähnte Fähigkeit oder Eigenschaft eben nicht vorhanden war. Das mag in dem betreffenden Fall zutreffend gewesen sein, kann aber nicht pauschal für alle Zeugnisse gelten. Andere Gerichte nahmen an der Formulierung »kennen gelernt« keiner

»Kennen gelernt«

lei Anstoß oder sahen darin nicht die Andeutung des Gegenteils (z.b. BAG, Urteil vom 8.2.1972, Az.: 1 AZR 189/71 und ArbG Bayreuth, Urteil vom 26.11.1991, Az.: 1 Ca 669/91). Eine Haltung, die von Personalfachleuten sicherlich geteilt wird, denn der tägliche Umgang mit Arbeitszeugnissen zeigt eine häufig positiv gemeinte Verwendung von »kennen gelernt«.

Beispiel 2

»Mit großem Durchsetzungswillen«

Ein wissenschaftlicher Angestellter verklagte seinen Arbeitgeber darauf, die Formulierung »der seine Positionen mit großem Durchsetzungswillen nachhaltig verfolgte« durch die Worte »der durch sein argumentatives Verhandlungsgeschick beeindruckte« zu ersetzen. Der Arbeitnehmer befürchtete (meines Erachtens zu Recht), dass ein Leser hieraus Starrköpfigkeit ableiten könnte. Das Landesarbeitsgericht teilte seine Ansicht nicht und wies die Klage auch im Berufungsverfahren (LAG Rheinland-Pfalz, Urteil vom 18.12.2003, Az.: 6 Sa 954/03) ab.

Beispiel 3

»Anspruchsvoller und kritischer Mitarbeiter«

Die Fachleute sind sich mehr oder wenig einig darüber, dass die Formulierung »anspruchsvoller und kritischer Mitarbeiter« einen Nörgler und Querulanten beschreibt. Das Arbeitsgericht Frankfurt a.M. (Urteil vom 6.10.2003, Az.: 1 Ca 7578/02) sah hierin jedoch keine negative Aussage. So auch das Landesarbeitsgericht Düsseldorf (Urteil vom 23.7.2003, Az.: 12 Sa 232/03), das seinen Entscheid wie folgt begründet: »Der Aussteller eines Zeugnisses darf grundsätzlich davon ausgehen, dass Begriffe gemäß ihrer allgemeinen Sprachbedeutung auch im Arbeitsleben verstanden und im Zusammenhang mit den anderen Aussagen gesehen werden, und muss und kann nicht darauf Rücksicht nehmen, dass der ein oder andere Leser von überhöhtem Misstrauen geleitet wird und, weil es ihm an Augenmaß fehlt, zur Überinterpretation einzelner Wendungen neigt.« Diese Begründung widerspricht damit der – auch von den meisten Gerichten – an erkannten These, dass den Arbeitszeugnissen heute längst nicht mehr ein allgemeiner Sprachgebrauch sondern vielmehr ein spezieller Sprachstil zugrunde liegt. Sie kommt einem Freibrief gleich und trägt in keiner Weise dem Umstand Rechnung, dass der Leser einem Zeugnis immer mit einer gewissen Skepsis begegnen wird, haben Zeugnisse aufgrund der Wohlwollenspflicht doch den Ruf, alles zu beschönigen oder Negatives nur zwischen den Zeilen anzudeuten.

Auch die firmeninternen Bewertungsbögen, die meist als Grundlage für die Zeugniserstellung dienen, tragen ebenfalls zu den unterschiedlichen Bewertungsmaßstäben bei. Sie bieten dem Vorgesetzten oftmals nach Noten abgestufte, vorformulierte Beurteilungssätze an, um seinen Aufwand auf das Setzen einiger Kreuze zu reduzieren. Doch ist die Auswahl dessen, was beurteilt werden kann, dabei meist recht beschränkt und wird nicht jedem Mitarbeiter bzw. jeder Art von Tätigkeit im Unternehmen gerecht. Vor allem aber entsprechen die zur Auswahl stehenden Textbausteine in ihren Abstufungen oft nicht der zeugnissprachlichen Positivskala, werden aber von der Personalstelle 1:1 in das Zeugnis übernommen. Nimmt man nun noch die unterschiedlichen Kenntnisstände und Sprachstile sowie das individuelle Ausdrucksvermögen bzw. die individuellen Gestaltungsvorstellungen von Seiten des Ausstellers hinzu, so wird klar, dass bei der Entschlüsselung eines Zeugnisses nicht nur die Regeln der Zeugnissprache zu berücksichtigen sind, sondern mit Feingefühl auch die Hintergründe des Ausstellers erahnt und mit in die Waagschale geworfen werden müssen.

Interne Bewertungsbögen

Wenn aber ein und die gleiche Formulierung ganz unterschiedlich ausgelegt werden kann, lässt sich ein Zeugnis dann überhaupt treffsicher formulieren oder interpretieren? Ja, sofern man das Zeugnis in seiner Gesamtheit und nicht jeden Satz im Einzelnen betrachtet. Denn der Gesamtkontext entscheidet darüber, wie kritisch oder wohlwollend der Leser einzelne Aussagen bewertet. So

Der Kontext entscheidet

tut es z.b. einem sehr guten Zeugnis in der Regel keinen Abbruch, wenn die ein oder andere Bewertung – separat betrachtet – lediglich mit Note 2 oder gar 3 rückübersetzt wird, solange der Gesamtkontext ein sehr gutes Bild zeichnet. Dennoch muss eingestanden und immer berücksichtigt werden, dass es sich gerade bei der Rückübersetzung eines Zeugnisses um eine Interpretation handelt, die nie völlig objektiv sein kann – schon allein deswegen, weil sie auch durch individuelle Aspekte beeinflusst wird. So kann das Urteil je nach Stimmungslage des Leser variieren oder auch dadurch beeinflusst werden, ob ein Arbeitgeber händeringend eine Stelle zu besetzen versucht, auf die sich nur sehr wenige beworben haben oder ob er sich durch einen Berg von Bewerbungen kämpft, mit der Intention, die Anzahl der Bewerber zunächst einmal auf eine übersichtliche Zahl zu reduzieren.

3. Positivskala

Maßstab für alle Bewertungen Durch feine Nuancen auf der so genannten Positivskala können in einem Zeugnis durchaus alle Schulnoten dargestellt und ein sehr differenziertes Leistungs- und Verhaltensbild gezeichnet werden. Sie wird nicht nur bei der berühmten Zufriedenheitsformel angewendet, sondern ist Maßstab für alle Bewertungen – vom Fachwissen bis zur Sozialkompetenz.

3.1 Von Steigerungsformen und Zeitfaktoren

Wie aber werden nun diese Abstufungen verbal zum Ausdruck gebracht? Soll gelobt werden, spielen zwei Komponenten – die Steigerungsform und der Zeitfaktor (Temporaladverb) – eine tragende Rolle.

Soll Kritik zum Ausdruck gebracht werden, so erfolgt dies durch eine knappe, schmucklose Nennung eines Attributes, durch zeitliche Einschränkungen, Anspielungen, »beredtes Schweigen«, falsche Reihenfolgen oder andere Techniken, die im nächsten Kapitel noch ausführlich beschrieben werden.

Am anschaulichsten wird die Systematik von Lob und Tadel, wenn man einmal einige Beispiele komplett durchdekliniert und die einzelnen Noten im direkten Vergleich sieht.

Beispiel 1

Sie zeigte eine stets sehr gute Einsatzbereitschaft. (Note 1)

Sie zeigte eine stets gute Einsatzbereitschaft. (Note 2)

Sie zeigte eine gute Einsatzbereitschaft. (Note 3)

Sie zeigte Einsatzbereitschaft. (Note 4)

Sie zeigte Interesse für ihre Arbeit. (Note 5)

Beispiel 2

Die Qualität seiner Arbeit war immer sehr gut. (Note 1)

Die Qualität seiner Arbeit war immer gut. (Note 2)

Die Qualität seiner Arbeit war gut. (Note 3)

Die Qualität seiner Arbeit war zufriedenstellend. (Note 4)

Die Qualität seiner Arbeit war insgesamt zufriedenstellend. (Note 5)

Systematik der Positivskala

Note 1	Spiegelt weit überdurchschnittliche, exzellente Leistungen, Fähigkeiten und Sozialkompetenzen wider und wird durch die höchste Steigerungsform in Verbindung mit einem Temporaladverb honoriert.	**Weit überdurchschnittlich**
	Beispiel: »Er arbeitete stets absolut selbstständig.«	

Überdurch-schnittlich	Note 2	Leistungen, Fähigkeiten und Verhalten gingen konstant über das zu erwartende Maß hinaus und waren überdurchschnittlich gut. Dies wird durch eine mittlere Steigerungsform in Kombination mit einem Temporaladverb oder durch eine sehr hohe Steigerungsform ohne zeitliches Attribut ausgedrückt. Beispiele: »Sie zeigte immer gute Leistungen« oder »Sie zeigte sehr gute Leistungen«.
Den Erwartungen entsprechend	Note 3	Der Arbeitnehmer hat seine Aufgaben immer den Erwartungen und Anforderungen entsprechend erfüllt und sich ordnungsgemäß verhalten. Dies wird durch ein zurückhaltendes, schmuckloses Loben ohne Steigerungsform und Temporaladverb oder lediglich mit einem von Beiden (insbesondere bei Kernaussagen zu Arbeitserfolg, Zufriedenheits- oder Dankesformel oder wenn von Anforderungen und Erwartungen die Rede ist) widergespiegelt. Beispiele: »Er war flexibel und belastbar« oder »Sie war den Anforderungen ihrer Position stets gewachsen«.
Nicht immer erwartungs-gemäß	Note 4	Anforderungen und Erwartungen wurden nicht immer erfüllt. Dies wird durch die Auslassung des Zeitfaktors zum Ausdruck gebracht (»Sie war den Anforderungen ihrer Position gewachsen«), durch eine sehr knappe Beurteilung einzelner Leistungsbereiche oder durch das Loben von Nebensächlichkeiten bzw. Unwichtigem (z.B. Pünktlichkeit).

| Note 5/6 | Wird durch die Anwendung verschiedener Techniken (z.B. »beredtes Schweigen«, Einschränkungen o.Ä.) zum Ausdruck gebracht. Es genügt aber auch schon der Hinweis auf Erfordernisse (»Diese Funktion erforderte eine selbstständige Arbeitsweise«), ohne nachfolgend die Erfüllung jener Erfordernisse zu bestätigen, oder die Hervorhebung von Bemühen/Bestreben. | **Deutliche Kritik** |

3.2 Kombinationen

Wenn Sie mehrere Beurteilungen in einem Satz kombinieren, müssen Sie natürlich nicht jedes Mal das Temporaladverb und die Steigerungsform wiederholen. Dies gilt insbesondere für Kombinationen mit der Zufriedenheitsformel und der Bewertung des Arbeitserfolges.

> **Beispiel**
>
> »Sie erledigte ihre Aufgaben sehr sorgfältig, umsichtig und stets zu unserer vollsten Zufriedenheit.«

Obwohl Sorgfalt und Umsicht hier ohne Zeitfaktor genannt werden, handelt es sich trotzdem um eine sehr gute Bewertung. Denn die Zufriedenheitsformel färbt sozusagen auf die sonstigen im Satz genannten Attribute ab. Das Gleiche gilt ebenfalls für folgendes Beispiel:

> **Beispiel**
>
> »Durch seine Einsatzbereitschaft und sein zielgerichtetes Vorgehen hat er ausschlaggebend zu dem sehr großen Erfolg des Projektes beigetragen«.

Auch können positiv besetzte Verben Aussagen aufwerten. **Positiv besetzte Verben** So klingt »Sie zeichnete sich durch Sorgfalt und Genauigkeit aus« sehr viel besser als »Sie arbeitete sorgfältig und genau.«

4. Die Kunst, Kritik »wohlwollend« zu formulieren

Bewertungen in Zeugnissen müssen wohlwollend, aber gleichzeitig auch wahr sein. Dies stellt häufig einen Zielkonflikt dar, aus dem sich im Laufe der Zeit eine sehr differenzierte »Zeugnissprache« entwickelt hat, bei der sogar vernichtende Kritik mit netten Worten ausgedrückt wird. So trifft das Sprichwort »*Es ist nicht alles Gold, was glänzt*« in besonderer Weise auf Zeugnisse zu, da hier die Wahrheit häufig zwischen den Zeilen steht.

Zwischen den Zeilen

In Zusammenhang mit der »Zeugnissprache« denken viele aber nur an die bekannte Zufriedenheitsformel (z.B. »stets zu unserer vollsten Zufriedenheit«) und an so genannte »Geheimcodes«. Dies liegt unter anderem daran, dass diese in den Medien gern zitiert werden. Die Zeugnissprache ist jedoch sehr viel komplexer und so gibt es eine Vielzahl verschiedener Techniken, mittels derer einem fachkundigen Leser Kritik angedeutet werden kann. Geheimzeichen und -codes sind in der Praxis dahingegen kaum von Relevanz.

Nachfolgend werden diese Techniken genauer beschrieben, denn sie bilden sozusagen die Kernelemente der Zeugnissprache. Wer sie beherrscht, ist in der Lage, ein Zeugnis sicher einzuschätzen oder beim Schreiben eines Zeugnisses gravierende Fehler zu vermeiden.

4.1 Leerstellentechnik

»Beredtes Schweigen«

Bei der Leerstellentechnik werden einzelne Wörter, Aussagen oder ganze Zeugnispassagen weggelassen. Dadurch kann sich – gewollt oder ungewollt – eine Abwertung der Gesamtnote ergeben (BAG, Urteil vom 29.7.1971, Az.: 2 AZR 250/70). Man spricht bei einem bewussten Einsatz dieser Technik auch von »beredtem Schweigen«. Fehlt beispielsweise eine Aussage zur persönlichen Führung, ist davon auszugehen, dass es diesbezüglich massive Probleme gab – was einer mangelhaften/ungenügenden Beurteilung gleichkommt. Wird in der Verhaltensbeurteilung nur auf das Verhältnis zu den Kollegen eingegangen, ist daraus zu schließen, dass der Mitarbeiter auf wenig Akzeptanz und Anerkennung bei den Vorgesetzten stieß. Eine Wertung wie »erledigte alle Arbeiten mit großem Fleiß und Interesse« ist ebenfalls vernichtend, wenn nicht gleichzeitig auch von Erfolg die Rede ist. Der Leser wird davon ausgehen, dass sich der Arbeitnehmer zwar bemüht hat, aber nicht viel dabei heraus gekommen ist.

Die Leerstellentechnik ist besonders subtil, da der ungeübte Leser häufig nicht genau weiß, welche Aussagen im Zeugnis zu finden sein müssen, zumal dies zum Teil berufsspezifisch unterschiedlich ist. So darf beispielsweise bei einer Kassiererin nicht der ausdrückliche Hinweis auf ihre Ehrlichkeit fehlen oder bei einer Führungskraft nicht die Bestätigung seiner Loyalität.

Berufsspezifische Angaben

Die Leerstellentechnik ist die am häufigsten verwendet Methode, Kritik zu üben. Dies liegt zum einen daran, dass viele Aussteller der Meinung sind, dass Negatives aufgrund der Wohlwollenspflicht im Zeugnis nicht erwähnt werden darf. Diese Technik wird aber auch deswegen sehr gern eingesetzt, weil sie dem Arbeitgeber nicht nur mühselige Sprachverrenkungen erspart, sondern ihm auch Rückzugsmöglichkeiten offen lässt. Kommt es zu Auseinandersetzungen, kann er immer noch vorgeben, diesen oder jenen Punkt schlichtweg vergessen zu haben. Ein großes Problem, das diese Technik birgt, ist der Umstand, dass bestimmte Aussagen oder Angaben oftmals tatsächlich aus Vergessenheit nicht erwähnt wurden, was dann womöglich zu Fehlinterpretationen führen kann.

Häufigste Methode

4.2 Reihenfolgetechnik

In Zeugnissen kommt es sehr darauf an, in welcher Reihenfolge Aspekte genannt werden. Wird eine bestimmte Reihenfolge nicht eingehalten, lässt dies negative Rückschlüsse zu.

> **Beispiel**
> »Sein Verhalten zu Kollegen und Vorgesetzen war ein-
> wandfrei«.

In der Verhal- Diese Formulierung entspricht lediglich einer befriedi-
tensbeurtei- genden Bewertung und deutet an, dass der Mitarbeiter mit
lung den Kollegen offensichtlich sehr viel besser ausgekommen
ist als mit seinen Vorgesetzten. Würden die Vorgesetzten
dahingegen an erster Stelle genannt, entspräche dies einer
guten Beurteilung.

 Auch die Gerichte bestätigen, dass es gerade bei der Verhaltensformel einen Reihenfolgestandard gibt und dass
eine Abweichung von dieser Gepflogenheit einen Anspruch des Arbeitnehmers auf Umstellung der Wortrei-
henfolge ergeben kann (ArbG Saarbrücken, Urteil vom
2.11.2001, Az.: 6 Ca 38/01).

In der Tätig- Auch in der Tätigkeitsbeschreibung müssen wichtige
keitsbeschrei- oder anspruchsvolle Aufgaben zuerst genannt werden.
bung Steht bei einer Sekretärin das Öffnen der Post sowie das
Weiterleiten von eingehenden Telefongesprächen vor der
Korrespondenzführung, Terminkoordination oder Reise-
organisation, heißt dies im Klartext: »Von dieser Mitarbeiterin ist nicht viel zu erwarten. Sie setzt die Schwerpunkte
falsch oder es sollten ihr lieber nur anspruchslose Aufgaben übertragen werden.«

4.3 Negationstechnik

Während im normalen Sprachgebrauch eine doppelte Verneinung, die Verneinung des Gegenteils oder die Verneinung eines negativ besetzten Begriffes die Aussage eher
verstärkt, hat dies in der Zeugnissprache eine gegenteilige,
das heißt, abwertende Wirkung.

Beispiele

»Er erzielte nicht unerhebliche Verkaufserfolge« – aber auch keine erheblichen. »Die Zusammenarbeit verlief ohne Beanstandungen« – aber nicht sehr angenehm. »Sein Verhalten war tadellos« – aber nicht gut. »Seine Vertrauenswürdigkeit stand außer Zweifel« – war aber nicht immer gegeben. »Wir können vorbehaltlos/ohne Bedenken versichern« – aber nicht mit voller Überzeugung.

Es gibt allerdings eine Ausnahme von der Regel. In der Verhaltensformel ist »einwandfrei« nämlich tatsächlich positiv auszulegen.

4.4 Passivierungstechnik

Die Passivierungstechnik wird in der Tätigkeitsbeschreibung eingesetzt, um Unselbstständigkeit und mangelnde Initiative auszudrücken.

Beispiele

»hatte zu bearbeiten« statt »*bearbeitete*«, »wurde bei uns beschäftigt« statt »*war bei uns tätig*« oder »hatte zu erledigen« statt »*erledigte*«.

Einzelne Passivformulierungen sind allerdings unbedenklich. Um Kritik anzudeuten bedarf es schon einer Häufung.

4.5 Einschränkungstechnik

Einschränkungen sind in der Zeugnissprache immer negativ zu bewerten. Sie bringen oftmals das genaue Gegenteil von dem zum Ausdruck, was vordergründig gelobt wurde.

Das genaue Gegenteil

Beispiele

»Sie bewies *meist* großes Verkaufstalent« heißt nämlich nichts anderes, als dass ihr dieses oft fehlte. »Er war *im Allgemeinen* zuverlässig« lässt durchblicken, dass man sich eben nicht immer auf ihn verlassen konnte.

»Sie hat sich *im Rahmen ihrer Fähigkeiten* eingesetzt«
heißt im Klartext: Sie hat getan, was sie konnte – aber
das war nicht viel. »Er hat die ihm übertragenen Aufgaben zum großen Teil zu unserer vollen Zufriedenheit
ausgeführt« heißt im Umkehrschluss, dass Aufgaben
teils eben nicht zur vollen Zufriedenheit erledigt wurden
(LAG Köln, Urteil vom 18.5.1995, Az.: 5 Sa 41/95).

Gerade wenn Sie ein Zeugnis für sich selbst verfassen,
sollten Sie darauf achten, dass Sie nicht aus einer gewissen
Bescheidenheit heraus solche einschränkenden Adjektive
verwenden. Schreiben Sie beispielsweise »arbeite überwiegend selbstständig«, weil Sie sich in der Realität natürlich mit Ihrem Vorgesetzten abstimmen mussten und
weisungsgebunden war, so heißt dies aber in der Zeugnissprache, dass Ihre Selbstständigkeit zu wünschen übrig
»Durchaus   ließ. Die Formulierung »Er war *durchaus* selbstständig«
selbststän-   würde die Sache nicht besser machen, denn auch sie deu-
dig«   tet wegen der Einschränkung »durchaus« an, dass es mit
Ihrer Selbstständigkeit nicht weit her war – eine Meinung,
die im Übrigen auch vom Landesarbeitsgericht Hamm geteilt wird (Urteil vom 22.5.2002, Az.: 3 Sa 231/02).

Da man in einem Satz inhaltlich möglichst viel unterbrin-
gen möchte, kommt es gelegentlich zu ungewollten Einschränkungen. Diese werden in der Zeugnissprache aber
üblicherweise als Kritik verstanden. Folgendes Beispiel
verdeutlicht diese Problematik:

Beispiel

Sie wollen hinsichtlich der Arbeitsbereitschaft besonders Eigeninitiative loben. Ebenso wollen Sie herausstel-
len, dass Sie auch anspruchsvolle Aufgaben bearbeitet
bzw. gelöst haben. Heraus kommt die Formulierung
»Er zeigte große Eigeninitiative bei der Lösung anspruchsvoller Aufgaben.« Dies klingt schön, heißt aber
im Klartext, dass es mit der Eigeninitiative bei der Be-
wältigung der Routineaufgaben nicht weit her war.

> Dieser Fehler ließe sich durch die Einfügung eines
> »auch« leicht vermeiden. So hieße es dann »Auch bei
> der Lösung anspruchsvoller Aufgaben zeigte er große
> Eigeninitiative.«

Folgende Formulierung ist ebenfalls problematisch: »Während ihrer Tätigkeit in unserem Hause erfüllte Frau ... ihre Aufgaben mit großem Engagement.« Hier könnte der Leser durch die Hinzufügung von »während ihrer Tätigkeit in unserem Hause« entweder längere Fehlzeiten oder aber eine verbotene bzw. nicht gern gesehene Nebentätigkeit vermuten, könnte es doch sonst ganz schicht heißen: »Frau ... erfüllte ihre Aufgaben mit großem Engagement«.

Neben den ganz direkten Einschränkungen gibt auch indirekte, die sich im Grunde erst durch den Umkehrschluss ergeben. So kann bei der Formulierung »Er arbeitete eng mit verschiedenen Behörden zusammen. Dort galt er als Fachmann« davon ausgegangen werden, dass der Mitarbeiter intern nicht als Fachmann anerkannt war, da es sonst sicherlich »*Auch* dort galt er als Fachmann« geheißen hätte. Wird die Gesamtbeurteilung ausdrücklich nur auf die fachliche Leistung abgestellt, so könnte dies Rückschlüsse darauf zulassen, dass es im nichtfachlichen Bereich, also in menschlicher und persönlicher Hinsicht Defizite gab. Deshalb verpflichtete auch das Landesarbeitsgericht einen Arbeitgeber zur Streichung des Wortes »fachlich« in dem Satz »Fachlich entsprach Herr Dr. A den Anforderungen und Erwartungen ...« (LAG Rheinland-Pfalz, Urteil vom 18.12.2003, Az.: 6 Sa 954/03).

Umkehrschluss

Auch Relativsätze relativieren, wie ihr Name schon sagt. So könnte z.B. die Formulierung »Die Aufgaben, *die wir ihr übertrugen*, erledigte sie ...« zum Ausdruck bringen, dass dem Mitarbeiter Eigeninitiative fehlte und er nur das machte, was man ihm auftrug.

Oftmals werden Leistungsbeurteilungen mit der Formulierung »Gern bestätigen wir Herrn X/Frau Y ...« eingeleitet. Diese ist jedoch in zweifacher Hinsicht problematisch.

»Gern bestä-
tigen wir ...«
Zum einen lässt »Gern bestätigen wir« darauf schließen, dass der Mitarbeiter oder die Mitarbeiterin die betreffende Aussage gefordert oder gar erzwungen hat. Zum anderen kann man die Einleitung aber auch als Einschränkung verstehen, nämlich dahingehend, dass man gegenüber niemandem sonst diese Bestätigung abgeben möchte.

4.6 Widerspruchstechnik

Ungereimt-
heiten und
Widersprüche
Das gesamte Zeugnis muss in sich rund und schlüssig sein. Dies ist es nicht, wenn z.B. trotz einer guten Leistungs- und Verhaltensbeurteilung das Ausscheiden des Mitarbeiters in keiner Weise bedauert wird und man ihm für die Mitarbeit nicht dankt. Ungereimt ist ebenfalls, wenn auf sehr gute Einzelbewertungen eine lediglich gute oder mittelmäßige Zufriedenheitsformel folgt – oder umgekehrt. Derartige Widersprüche führen beim Leser zu großem Misstrauen. Auch einzelne, in sich widersprüchliche Aussagen sind negativ zu bewerten.

> **Beispiel**
>
> »Ihre weisungsgebundene, aber selbstständige Arbeit ...« oder »hat insgesamt (= nicht immer) erfolgreich gearbeitet, so dass wir mit ihren Leistungen stets außerordentlich zufrieden waren«.

4.7 Ausweichtechnik

Das Wichtige
fehlt
Bei dieser Technik werden Selbstverständlichkeiten, Unwichtiges, Nebensächliches oder Banales in den Vordergrund gestellt. Das Wichtige fehlt entweder ganz oder wird nachrangig genannt. »Wegen seiner Pünktlichkeit war er stets ein gutes Vorbild« heißt im Klartext: Der Mitarbeiter war eine Niete, bei der es nichts anderes zu loben gab.

Auch mehrdeutige oder leistungsfremde Bemerkungen, wie »beliebt«, »umgänglich«, »gesellig«, »tolerant« oder »anspruchsvoll und kritisch«, implizieren in einem Zeugnis eine Abwertung der Leistung und Führung (LAG Hamm, Urteil vom 17.12.1998, Az.: 4 Sa 635/98).

4.8 Andeutungstechnik

Diese Technik wird auch Orakel-Technik genannt. Hierzu gehören insbesondere mehrdeutige Aussagen, die das Misstrauen des Lesers wecken sollen.

Orakel-Technik

> **Beispiele**
>
> »so gut er konnte«
>
> > heißt im Klartext: *»er konnte nicht viel«*
>
> »in der ihr eigenen Weise«
>
> > heißt im Klartext: *»anders als wir es gern gehabt hätten«*

Doch Vorsicht! Leicht kann man etwas hinein interpretieren, was der Schreiber gar nicht aussagen wollte. Daher muss mit gesundem Menschenverstand und Blick auf den Gesamtkontext im Einzelfall immer sorgfältig abgewogen werden, ob einer mehrdeutigen Aussage wirklich auch eine negative Intention des Zeugnisausstellers unterstellt werden kann.

4.9 Knappheits- und Ausführlichkeitstechnik

Das Sprichwort »In der Kürze liegt die Würze« gilt bei Zeugnissen nicht. Sicherlich sollte ein Zeugnis nicht in einem ausschweifenden und blumigen Stil geschrieben werden, sondern die einzelnen Aussagen kurz und prägnant auf den Punkt bringen. Fällt das Zeugnis oder fallen einzelne Passagen jedoch auffällig kurz und dürftig aus, wirkt dies geringschätzig. So vermittelt beispielsweise ein einseitiges, blasses Zeugnis einer langjährig beschäftigten Führungskraft den Eindruck, dass seine Leistungen es nicht verdienten, auf sie näher einzugehen (Kammer-Urteil vom 8.8.1990, Az.: 12 Sa 816/90).

Auffällig dürftig

Unpropor- Umgekehrt ist Ausführlichkeit aber auch nicht immer po-
tional lang sitiv zu bewerten, zumindest wenn die Proportionen nicht
stimmig sind und neben einer sehr ausführlichen Passa-
ge eine andere nur sehr knapp ausfällt. Beschränkt man
sich z.b. in der Leistungsbeurteilung auf zwei, drei kurze
Sätze und wird die Tätigkeit dahingegen außerordentlich
lang beschrieben, kann davon ausgegangen werden, dass
die magere Leistungsbeurteilung damit kaschiert werden
sollte. So sieht es auch das Bundesarbeitsgericht: »Beschreibt ein Zeugnisaussteller sehr ausführlich die Tätigkeiten, dann muss er sich in entsprechender Breite auch
zu seinen Leistungen verhalten, weil sonst der Eindruck
 entsteht, der Arbeitnehmer habe sich bemüht, aber im Ergebnis nichts geleistet.« (BAG, Urteil vom 24.3.1977, AP
Nr. 12 zu § 630 BGB).

Verschlüsselungstechnik	Beispiele
Leerstellentechnik (»beredtes Schweigen«)	»Sein Verhalten gegenüber Kollegen und Kunden war einwandfrei.« (Vorgesetzte fehlen)
Reihenfolgetechnik	»Sein Verhalten gegenüber Kollegen und Vorgesetzten war einwandfrei.« (Vorgesetzte werden erst nach den Kollegen genannt.)
Negationstechnik	»Sein Verhalten war tadellos.« »Er erzielte nicht unerhebliche Verkaufserfolge.« »Seine Vertrauenswürdigkeit stand außer Zweifel.«

Passivierungstechnik	Anhäufung von Passivformulierungen: »Frau ... wurde ... eingestellt. Ihr wurden folgende Aufgaben übertragen ... Zusätzlich hatte sie ... zu erledigen. Dann wurde sie in die Abteilung ... versetzt. Dort wurde sie mit ... beschäftigt.«
Einschränkungstechnik	»erzielte meist gute Verkaufsergebnisse« »war im Allgemeinen zuverlässig« »hat sich im Rahmen seiner Fähigkeiten eingesetzt«
Widerspruchstechnik	Kein Dank und Bedauern am Ende des Zeugnisses trotz guter Leistungs- und Verhaltensbeurteilung. Lediglich gute Zufriedenheitsformel bei sehr guter Leistungsbeurteilung. Schwache Beurteilung des Arbeitserfolges und sehr gute Zufriedenheitsformel.
Ausweichtechnik	Hervorhebung von Selbstverständlichkeiten, Nebensächlichkeiten oder Banalem. Z.B. »Wegen ihrer Pünktlichkeit war sie stets ein gutes Vorbild.«

| Andeutungstechnik | Mehrdeutige Aussagen. Z.B. »so gut er konnte« oder »in der ihr eigenen Weise«. |
| Knappheits- und Ausführlichkeitstechnik | Einseitiges Zeugnis bei langjähriger Fach- oder Führungskraft. Sehr ausführliche Tätigkeitsbeschreibung, aber nur sehr knappe Leistungsbeurteilung. |

4.10 Geheimcodes

Gibt es einen Geheimcode? Gibt es einen Geheimcode? Klare Antwort: Jein! Es gibt keine geheimen Absprachen unter den Arbeitgebern und es gibt auch keine Geheimlisten mit »verschlüsselten« Formulierungen, die nur die Personalchefs kennen. Sehr wohl gibt es aber einen offenen Code. Denn in der Praxis haben sich einige Phrasen etabliert, denen man durch öffentliche Diskussionen oder Proklamation eine gewisse Doppeldeutigkeit zuschreibt. Man findet sie in jedem Ratgeber und in jeder Medienveröffentlichung. Häufig kommen (von Autorenseite und selten von Arbeitgeberseite) noch welche hinzu, so dass die Liste immer länger wird. Einige deuten beispielsweise an, dass der Arbeitnehmer zwar gewillt und vielleicht sogar auch befähigt war, aber dennoch nichts oder nicht das Erhoffte bei seiner Arbeit heraus kam. Andere lassen durchblicken, dass dem Arbeitnehmer wichtige Fähigkeiten fehlten, man mit seinem Arbeitsstil, seiner Leistung oder seinem Verhalten nicht oder nicht immer zufrieden war, seine Arbeitsbereitschaft zu wünschen übrig ließ oder man ihn lieber gehen als kommen sah. In der Regel basieren diese Phrasen auf den bereits beschriebenen Zeugnistechniken, insbesondere der Andeutungs- und Einschränkungstechnik.

Doppeldeutige Phrasen

Gerade die bekanntesten dieser »Codes« finden in der Pra- **In der Praxis**
xis jedoch nur äußerst selten Anwendung, verbietet doch **selten**
schon der § 109 GewO die Verwendung von Formulierungen, die den Zweck haben, andere als aus dem Wortlaut
ersichtliche Aussagen über den Arbeitnehmer zu treffen.
Eine Kritikäußerung wäre damit aber auch nur allzu offen,
bietet die Zeugnissprache doch sehr viel subtilere Mittel.
Viele dieser Phrasen oder Codes sind außerdem weit her-
geholt und basieren auf einer Andeutungstechnik, deren
Auslegung jedoch sehr vom Kontext abhängig ist. Deswegen kommt es auch in der Praxis vielfach vor, dass Phrasen
aus der nachfolgenden Liste völlig ohne negativen Hintergedanken eingesetzt werden (z.B. »Wir lernten ihn als um-
gänglichen Mitarbeiter kennen«).

	»Geheimcode«	Klartext
Leistung	Er hat sich mit großem Eifer an die Aufgabe herangemacht und war erfolgreich.	Mangelhafte Leistung/ Erfolglosigkeit
	Sie erledigte alle Arbeiten mit großem Fleiß und Interesse/so gut er konnte/im Rahmen seiner Fähigkeiten.	
	Er war bemüht/bestrebt/hat sich angestrengt ... (LAG Hamm, Urteil vom 16.3.1989, Az.: 12 (13) Sa 1149/88)	
	Sie war immer mit Interesse bei der Sache.	
	Er hat sich für die termingerechte Erledigung der Aufträge eingesetzt.	
	Sie verfügt über die notwendigen Kenntnisse, die sie erfolgversprechend einsetzte.	
	Er hatte die Gelegenheit ... unter Beweis zu stellen.	

	»Geheimcode«	Klartext
Leistung	Sie verstand es, mit Erfolg zu delegieren. Er zeigte für die Arbeit Verständnis.	... ließ lieber andere für sich arbeiten.
	Sie verfügt über Fachwissen und zeigte gesundes Selbstvertrauen.	Große Klappe und nichts dahinter.
	Er ist sehr tüchtig und weiß sich gut zu verkaufen.	Mehr Schein als Sein.
	Sie erledigte ihre Aufgaben in der ihr eigenen Weise.	... anders als wir es gern gehabt hätten.
	Er war zuverlässig/gewissenhaft.	Er war da, wenn man ihn brauchte. Er war aber nicht immer brauchbar.
	Sie hat alle Arbeiten ordnungsgemäß/vorschriftsmäßig erledigt.	Bürokratische Arbeitsweise (Dienst nach Vorschrift).
	Er war allem Neuen gegenüber sehr aufgeschlossen.	... hatte aber Schwierigkeiten, sich in neue Aufgabenbereiche einzuarbeiten.

	»Geheimcode«	Klartext
Verhalten	Ihre umfangreiche Bildung machten sie zu einer gesuchten Gesprächspartnerin.	Man führte gerne mit ihr private Schwätzchen.
	Im Kollegenkreis galt er als toleranter Mitarbeiter.	Mit Vorgesetzten hatte er Probleme.
	Wir lernten sie als umgängliche Mitarbeiterin kennen.	Man sah sie lieber gehen als kommen. (LAG Hamm, Urteil vom 28.3.2000, Az.: 4 Sa 648/99)
	Für die Belange der Belegschaft bewies er umfassendes Einfühlungsvermögen.	Homosexuell
	Für die Belange der Belegschaft bewies sie stets Einfühlungsvermögen.	Sie suchte intime Kontakte.
	Er trug durch seine Geselligkeit zur Verbesserung des Betriebsklimas bei.	Betriebsnudel/ ggf. Alkoholkonsum in Dienst
	Sie war schnell beliebt.	Hat sich angebiedert.

	»Geheimcode«	Klartext
Verhalten	Er war ein anspruchsvoller und kritischer Mitarbeiter.	Querulant, Nörgler (Das LAG Düsseldorf bewertete diese Formulierung in seinem Urteil – Az.: 12 Sa 232/03 – jedoch nicht negativ.)
Sonstiges	Sie ist inner- und außerbetrieblich eine sehr engagierte Kollegin.	
	Zu erwähnen ist auch sein Engagement für ein öffentliches Ehrenamt.	Mitarbeiter/in engagierte sich im Betriebs- oder Personalrat oder war gewerkschaftlich aktiv.
	Sie arbeitete vertrauensvoll mit der Geschäftsleitung zusammen und stand ihr kritisch und aufgeschlossen gegenüber.	
	Er setzte sich für die Belange seiner Kollegen ein.	

Alle Phrasen können sowohl in der weiblichen als auch männlichen Form stehen.

4.11 Geheimzeichen

Immer wieder ist auch von Geheimzeichen die Rede. **Striche oder** Gemeint sind hiermit kleine handschriftliche Striche bei **Häkchen bei** der Unterschrift, die wie Ausrutscher aussehen. Ein senk- **der Unter-** rechter Strich links neben der Unterschrift soll dabei ein **schrift** Hinweis auf eine Gewerkschaftsmitgliedschaft sein. Ein Häkchen nach links soll für die Mitgliedschaft in einer linksgerichteten Partei stehen. Ein Häkchen nach rechts soll eine Mitgliedschaft in einer rechtsstehenden Par- tei andeuten. Ein doppeltes Häkchen, ein so genannter »Doppelausrutscher« nach links soll ein Zeichen für eine Mitgliedschaft in einer linksgerichteten verfassungsfeind- lichen Organisation sein. Derartige Geheimzeichen oder Markierungen sind nach § 107 GewO verboten. Die Ge- bräuchlichkeit in der Praxis ist zudem äußerst zweifelhaft – zumindest finden sich in der Literatur oder in Gerichts- urteilen keine Belege hierfür. Ihre Erwähnung erfolgt hier daher lediglich der Vollständigkeit halber.

Dahingegen gibt es indirekte Zeichen, die schon eher ein- gesetzt werden, um dem fachkundigen Leser ein »Ach- tung!« zu signalisieren. Als ein solches könnte die Hervor- **Hervorhe-** hebung der Telefondurchwahl verstanden werden, durch **bung der** die sich der Leser aufgefordert fühlen könnte, den Zeug- **Telefondurch-** nisaussteller anzurufen, um Näheres bzw. die Wahrheit zu **wahl** erfahren. Steht die Unterschrift des Ausstellers erst unter dem in Maschinenschrift geschriebenen Namen, gilt dies als Hinweis auf einen unterdurchschnittlichen oder gar schlechten Mitarbeiter. Zwei Punkte am Satzende sehen nach einem Versehen aus. Sie können aber im Sinne von »...« andeuten, dass es im negativen Sinne sehr viel mehr zu sagen gäbe, worauf man aber im Zeugnis lieber ver- zichtet hat. Auch Ausrufungszeichen, Unterstreichungen oder Anführungszeichen könnte man dazu zählen, denn auch sie signalisieren dem Leser Übertreibung, Ironie oder schlichtweg ein »Achtung«.

4.12 Der Kontext entscheidet

Der Umgang mit Zeugnissen ist immer subjektiv und wird durch verschiedene Faktoren beeinflusst. Dabei spielen nicht nur die Vorkenntnisse, sondern auch die Ausdrucksfähigkeit des Ausstellers sowie die Interpretationsfähigkeit des Lesers eine wichtige Rolle. Auch wenn viel über Zeugnissprache geschrieben wird, hat sich bis heute kein einheitlicher, verbindlicher Sprachgebrauch herausgebildet. Stattdessen herrscht teilweise erhebliche Verwirrung bei der praktischen Anwendung der verschiedenen Techniken und Phrasen. Selbst in der Rechtsprechung und Fachliteratur finden sich immer wieder unterschiedliche Auslegungen einzelner Formulierungen, die teils gravierend von einander abweichen. Es ist daher ratsam, bei der Zeugnisanalyse auch das intuitive Urteilsvermögen einzusetzen.

Kein einheitlicher Sprachgebrauch

 Betrachten Sie die einzelnen Aussagen immer in dem gesamten Kontext, denn bei der Bewertung einzelner, aus dem Zusammenhang herausgelöster Sätze oder Aussagen besteht eine sehr große Gefahr der Fehlinterpretation. Folgendes Beispiel soll die Problematik verdeutlichen:

Beispiel

Ein Zeugnis beinhaltet den Satz »Er ist ein zuverlässiger Mitarbeiter«. Da diese Phrase auch als so genannter Geheimcode für die Aussage »*Er ist zur Stelle, wenn man ihn braucht, allerdings ist er nicht immer brauchbar*« gilt, beginnen Sie an der guten Beurteilung der Leistung zu zweifeln. Zuverlässigkeit ist aber eine von Arbeitgebern sehr geschätzte Eigenschaft und wird in Zeugnissen sehr häufig gelobt. Eine negative Auslegung wäre daher völlig überzogen, wenn es sich ansonsten um ein gutes oder durchschnittliches Zeugnis handelt.

Auch gibt es viele Eigenschaften oder Fähigkeiten, die je nach Tätigkeit des Mitarbeiters sowohl positiv als auch negativ auslegbar sind. Wird Ihnen bescheinigt kommunikativ zu sein, ist das sicherlich als Lob zu verstehen, wenn

Sie im Vertrieb oder Kundenservice tätig sind. Sind Sie jedoch Buchhalter verkehrt sich die Aussage ins Gegenteil.

Entscheidend für die Bewertung von Aussagen ist zudem der fachliche Hintergrund des Ausstellers. Bei ungeübten Zeugnisschreibern, die meist schon an einem unprofessionellen Zeugnisaufbau zu erkennen sind, sind weniger strenge Interpretationsmaßstäbe anzulegen. Denn es ist durchaus möglich, dass der Aussteller das Zeugnis mit seinen eigenen Worten sowie ohne jegliche Hintergedanken formuliert und dabei rein zufällig einen vermeintlichen Sprachcode verwendet hat. Auch haben Aussteller, die nicht sehr häufig mit Zeugnissen zu tun haben, oftmals Probleme beim Anwenden des in den Notenbereichen 1 und 2 überschwänglichen Sprachstils. So hören sich Formulierungen bei kleineren Unternehmen oftmals nicht so gut an, sind aber durchaus gut gemeint. Schwierig wird die richtige Einschätzung eines Zeugnistextes allerdings dann, wenn beim Aussteller ein Halbwissen um die Zeugnissprache und -techniken besteht und nicht definitiv von einem Laien ausgegangen werden kann.

Unterschiedliche Interpretationsmaßstäbe

Gelegentlich ist auch das Alter des Ausstellers bei der Interpretation zu berücksichtigen. Deutet ein antiquierter Sprachgebrauch auf einen älteren Aussteller hin, sollten Sie beim Fehlen der Dankes-Bedauern-Formel am Schluss nachsichtiger sein. Früher waren Dankes- und Bedauernsäußerungen in Zeugnissen nämlich keineswegs üblich.

Tipp

5.   Loben – aber richtig

Es kommt nicht nur darauf an, wie sehr gelobt wird, sondern auch was gelobt wird. Dabei ist nicht Masse, sondern vielmehr Klasse gefragt. Werden z.B. 20 hervorragende Fähigkeiten gelobt, wirkt dies wenig glaubwürdig. Stattdessen sollten vor allem die Leistungs- und Verhaltensattribute genannt werden, die für die beschriebene Tätigkeit besonders relevant sind und die ein Leser im Zeugnis erwarten würde. Auf weniger wichtige oder gar für die Aufgabe irrelevante Fähigkeiten kann dann verzichtet werden.

Nicht Masse sondern Klasse

5.1 Was ein gutes Zeugnis auszeichnet

Ist ein Zeugnis nicht schlecht – bzw. wurden die im vorherigen Kapitel beschriebenen Phrasen oder Techniken nicht angewandt – heißt dies im Umkehrschluss noch lange nicht, dass es sich in jedem Fall um ein gutes Zeugnis handeln muss. Unter Umständen gehört es lediglich zu der breiten Masse an mittelmäßigen, ausdruckslosen Exemplaren.

Beinhaltet das Zeugnis eine sehr gute Zufriedenheitsformel, so bedeutet auch dies nicht zwangläufig, dass es sich um ein gutes bzw. sogar sehr gutes Zeugnis handelt. Da viele Arbeitnehmer bei der Überprüfung ihres Zeugnisses sehr auf diese Floskel fixiert sind und diese isoliert betrachten, wenden Arbeitgeber sie oft sehr großzügig an und relativieren deren Aussage dann aber wiederum durch mittelmäßige Bewertungen einzelner Leistungskriterien oder durch weniger gute Schlussformulierungen. Daher sollte diese Formel nicht überbewertet, sondern ebenfalls im Gesamtkontext betrachtet werden.

Inhaltliche und sprachliche Individualität In erster Linie zeichnet sich ein gutes Zeugnis durch Individualität aus. Denn sie ist die eine entscheidende Voraussetzung für die Glaubwürdigkeit des Zeugnisses. Was nützt ein gutes Zeugnis, wenn der Leser den Eindruck gewinnt, dass die Leistungs- oder Verhaltensbeurteilung wenig mit dem Mitarbeiter zu tun hat. Eine individuelle Beschreibung des Arbeitserfolges oder aber auch die Nennung von Eigenschaften, Fähigkeiten und Verhaltensweisen mit konkretem Bezug zur Tätigkeit und den damit verbundenen Anforderungen verleihen dem Zeugnis dahingegen eine persönliche Note. Sie haben sogar einen Anspruch auf ein individuell geschriebenes Zeugnis, das Ihre persönlichen Arbeitsleistungen widerspiegelt. Zumindest hat das Arbeitsgericht Berlin (Urteil vom 4.11.2003, Az.: 84 Ca 17498/03) dies so in dem Fall eines Anwaltes gesehen, der nach fünfzehn Monaten in einer Sozietät mit einer Pauschalbeurteilung im Zeugnis abgespeist wurde, die wörtlich (bis auf den ausgetauschten Namen) der einer ebenfalls aus der Kanzlei ausgeschiedenen Kollegin entsprach. Es verurteilte den ehemaligen Arbeitgeber, ein neues Zeugnis auszustellen.

Neben der inhaltlichen Individualität können auch eingestreute zeugnisuntypische, vielleicht sogar leicht flapsige Formulierungen oder Redewendungen das Zeugnis etwas lebendiger wirken lassen, wodurch es sich wohltuend aus dem Einheitsbrei des Zeugnisjargons abheben könnte.

Beispiele

»Sie schaut »über den Tellerrand hinaus«, was besonders bei der abteilungsübergreifenden Zusammenarbeit zu SAP-Themen in sehr positiver Weise aufgefallen ist.« Oder: »Er ist ein »Macher«, der Entwicklungen vorausschauend vorantrieb.« Oder: »Sie bewies »ein gutes Händchen« bei der Führung ihrer Mitarbeitern, die sie in bester Weise zu motivieren verstand.« Oder »Als Mann der ersten Stunde …«

Aber Vorsicht. Es bedarf es viel Fingerspitzengefühl, damit das Zeugnis nicht ins Merkwürdige abgleitet und damit womöglich mehr Misstrauen weckt als Vertrauen schafft.

Weitere wesentliche Eckpunkte für ein gutes Zeugnis sind die Zufriedenheitsformel (siehe S. 147), die Verhaltensformel (siehe S. 153) und die Dankes-Bedauern-Formel (siehe S. 166) am Schluss. Sie sollten entsprechend der Positivskala mit adäquaten Steigerungsformen und Temporaladverben ausgeschmückt sein. Sind sie nicht einheitlich gut, wirkt das Zeugnis ungereimt und es eröffnen sich Interpretationsspielräume. Dahingegen tut es einem sehr guten Zeugnis keinen Abbruch, wenn z.B. die ein oder andere Einzelbewertung mal nur gut oder gar befriedigend ausfiel.

Schlüssigkeit

Ein gutes Zeugnis muss darüber hinaus ausführlich und aussagekräftig sein. Es sollte dem Leser den Eindruck vermitteln, dass sich der Aussteller – als ein Zeichen der Wertschätzung – sehr viel Mühe gegeben hat. Des Wei-

Ausführlich-keit

teren muss das Zeugnis proportional ausgewogen und vollständig sein.

5.2 Kann ein Zeugnis zu gut sein?

Schmaler Grad zwischen zu bescheiden und zu übertrieben

Jein. Bei der Erstellung eines sehr guten Zeugnisses bewegen Sie sich auf einem sehr schmalen Grad zwischen zu bescheiden und zu übertrieben. Stellen Sie Ihr Licht unter den Scheffel und formulieren Sie zu zurückhaltend, kommt unter Umständen ein lediglich gutes Zeugnis der Note 2 dabei heraus. Präsentieren Sie sich als Superman und formulieren Sie zu überschäumend, weckt dies womöglich Skepsis hinsichtlich der Glaubwürdigkeit oder vermittelt den unangenehmen Beigeschmack von Strebertum. Trieft Ihr Zeugnis aber nicht geradezu vor Superlativen, werden in einem angemessenen Umfang die für die Tätigkeit und Position wesentlichen Attribute genannt und das Ganze in ein stimmiges, individuelles Gesamtbild mit adäquaten Schlussformulierungen gestellt, so wird auch ein brillantes Zeugnis sicherlich als ein solches verstanden und nicht als Gefälligkeitszeugnis abgetan.

6. Zeugnisinterpretation

Haben Sie ein Zeugnis erhalten, sollten Sie dies in jedem Fall genau prüfen. Die folgende Checkliste kann Ihnen dabei als Leitfaden dienen.

Beherzigen Sie diesen Rat auch dann, wenn es sich »nur« um ein Zwischenzeugnis handelt oder Sie bereits eine neue Stelle haben. Aufgrund der kurzen Verwirkungsfrist kann es später für eine Berichtigung vielleicht zu spät sein.

Checkliste

Müssen einzelne Fragen mit NEIN beantwortet werden, ist Vorsicht geboten.

Tätigkeitsbeschreibung

Wurde Ihre Tätigkeit und Position sowie Ihr innerbetrieblicher Werdegang richtig dargestellt, alle wesentlichen Aufgaben genannt, nebensächliche oder unqualifizierte Aufgaben jedoch weggelassen?

Entspricht die Reihenfolge der Aufgaben der Gewichtung?

Keine Häufung von Passivformulierungen?

Wurde die Tätigkeit nicht nur mit pauschalen Schlagworten beschrieben?

Keine extrem ausführliche Darstellung (weniger als eine Seite)?

Wenn Ziele hervorgehoben wurden, enthält die Leistungsbeurteilung dann auch eine klare Aussage darüber, ob diese Ziele erreicht wurden?

Leistungsbeurteilung

Wurden alle Leistungsbereiche beurteilt – bei Führungskräften z.B. auch die Mitarbeiterführung?

Ist die Leistungsbeurteilung informativ und individuell? Beinhaltet sie nicht nur allgemein gehaltene Floskeln, die keinen konkreten Tätigkeitsbezug haben und unterschiedslos in fast jedem Zeugnis stehen könnten?

Wurden alle in Hinblick auf die ausgeübte Tätigkeit wichtigen und zu erwartenden Attribute, Fähigkeiten und Eigenschaften genannt, Irrelevantes jedoch ausgelassen?

Spiegelt sich die Zufriedenheitsformel im Kontext der Leistungsbeurteilung sowie in den Schlussformulierungen am Ende?

Beinhaltet die Leistungsbeurteilung keine doppelten Verneinungen bzw. Verneinungen von Negativbegriffen?

Leistungsbeurteilung	Beinhaltet die Leistungsbeurteilung keine Widersprüchlichkeiten?
	Beinhaltet die Leistungsbeurteilung keine Einschränkungen?
	Beinhaltet die Leistungsbeurteilung keine mehrdeutigen Aussagen?
	Wird Wichtiges vor weniger Wichtigem genannt?
Verhaltensbeurteilung	Wurden alle relevanten internen und externen Parteien genannt (Vorgesetzte, Mitarbeiter, Kollegen, Kunden/Geschäftspartner) und diese in der richtigen Reihenfolge?
	Wurden neben einer allgemeinen Verhaltensbeurteilung auch konkrete Aussagen zu Ihrer Persönlichkeit und Sozialkompetenz gemacht?
	Wurden keine Eigenschaften erwähnt, die auch negativ auslegbar sind oder die für die Ausübung der Tätigkeit völlig irrelevant sind?
Schlussformulierungen	Bei Endzeugnis:
	Wurde angegeben, dass die Kündigung auf eigenen Wunsch oder betriebsbedingt erfolgte?
	Bei Zwischenzeugnis:
	Wurde ein plausibler Grund für das Zeugnis angegeben?
	Ist das Ausstellungsdatum zeitnah zum Austrittsdatum?
	Ist/war der Unterzeichner ranghöher, Ihnen gegenüber weisungsbefugt und kann er Ihre Leistung/Ihr Verhalten überhaupt beurteilen?
	Wurde ein Dank und bei Endzeugnissen auch ein Bedauern beäußert und passen die Äußerungen der Positivskala entsprechend zur Bewertung der Leistung und des Verhaltens?
	Passen die Zukunftswünsche zur Bewertung der Leistung und des Verhaltens?

Längen/Proportionen	Ist die Gesamtlänge des Zeugnisses in Relation zur Beschäftigungsdauer und Position angemessen lang? Stehen Tätigkeitsbeschreibung, Leistungs- und Verhaltensbeurteilung sowie Schlussformulierungen in angemessener Relation zueinander?
Allgemeines	Ist das Zeugnis in einer angemessenen Zeitform geschrieben? Wurde das übliche Gliederungsschema eingehalten? Beinhaltet das Zeugnis keine Schreibfehler, Korrekturen oder optische Markierungen? Sieht das Zeugnis in seiner Gestaltung ordentlich aus (z.B. Geschäftspapier des Unternehmens, durchgängig Block- oder Flattersatz, einheitliche Schrift und Schriftgröße)? Liest sich das Zeugnis flüssig und wirken die einzelnen Sätze nicht wie lieblos aneinandergereihte Textbausteine, womöglich mit inhaltlichen Wiederholungen und ohne vernünftige Satzübergänge? Beinhaltet das Zeugnis alle formalen Angaben wie Überschrift, Vor- und Zuname, Geburtsdatum, Ein- und Austrittsdatum, Tätigkeitsbezeichnung, Unterschrift, Ausstellungsort und -datum?

Anhand einiger Beispiele aus der Praxis können Sie sich nun in der treffsicheren Interpretation von Zeugnissen noch ein wenig üben. Stellen Sie sich vor, Sie würden in einer Personalabteilung arbeiten und ein Bewerber oder eine Bewerberin legt Ihnen eines der nachfolgenden Zeugnisse vor. Gehen Sie bei den Übungen wie folgt vor:

Schritt 1: Lesen Sie zunächst nur das Zeugnis (Arbeit-
            geberentwurf) und bilden Sie sich Ihr eigenes
            Urteil.

Schritt 2: Überprüfen Sie anschließend anhand der Kom-
            mentierung, ob Sie alle Stärken und Schwächen
            des Zeugnisses und des Mitarbeiters erkannt
            haben.

Schritt 3: Bei einigen Übungen finden Sie im Anhang das
            gleiche Zeugnis noch einmal in überarbeiteter
            Form.

6.1 Übung 1

**Arbeitgeber-
entwurf**

Zeugnis

Frau Simone Mustermann, geb. am 17. Mai 1967, ist
seit dem 01. Juni 1998 in unserem Hause als Objektleiterin beschäftigt.

Im Rahmen dieser Position ist Frau Mustermann
mit der eigenständigen und eigenverantwortlichen
Abwicklung von Objekten für unsere Auftraggeber
befasst. Dies umfasst im einzelnen:

- die Erfassung, Inventarisierung und Bewertung des
  beweglichen Anlagevermögens von Unternehmen.
- die Vorbereitung von Verkaufs- und Versteigerungskatalogen.
- die unterstützende Tätigkeit bei der Organisation
  von Industrieversteigerungen und Verkäufen.
- das Führen von Verkaufsgesprächen.
- die Kontaktpflege mit unseren Kaufinteressenten.

Frau Mustermann ist eine fachlich kompetente,
zuverlässige und außerordentlich einsatzfreudige
Mitarbeiterin. Aufgrund ihres persönlichen Einsatzes
und ihrer sehr guten Auffassungsgabe konnte sie
schnell in laufende Projekte eingebunden werden. Alle
Ihr übertragenen Aufgaben erledigt sie mit großem
Engagement sehr umsichtig und selbstständig stets zu
unserer vollen Zufriedenheit.

Es ist für Frau Mustermann selbstverständlich, zusätzliche Aufgaben auch außerhalb des eigentlichen Aufgabenbereiches zu übernehmen. Ihr Verhalten gegenüber Vorgesetzten und Kollegen ist jederzeit vorbildlich und korrekt.

Dieses Zwischenzeugnis wird auf Wunsch von Frau Mustermann ausgestellt.

Hamburg, 17.04.2007
XYZ GmbH

Unterschrift
Personalleiter

Kommentar zum Übungszeugnis 1

Dieses Zeugnis ist ein gutes Beispiel für ein gut gemeintes, aber nicht sehr gut gelungenes Zeugnis – ein Fall, der in der Praxis leider außerordentlich häufig vorkommt. Das Zeugnis ist insbesondere hinsichtlich der Leistung und des Verhaltens wenig aussagekräftig und allenfalls mittelmäßig. Konkret sind folgende Punkte zu bemängeln:

Allgemeines:

- Die Überschrift ist falsch, da es sich nicht um ein Endzeugnis, sondern vielmehr um ein Zwischenzeugnis handelt. — **Falsche Überschrift, Schreibfehler**

- Das Zeugnis ist mit nur einer Seite im Verhältnis zu Position und Beschäftigungsdauer zu kurz, was nicht gerade Ausdruck besonderer Wertschätzung ist.

- Es beinhaltet einen typischen Schreibfehler, denn im ersten Absatz der Leistungsbeurteilung ist »Ihr« keine direkte Anrede und wird somit kleingeschrieben. Dahingegen muss im zweiten Satz »einzelnen« groß geschrieben werden. Zudem sollte »geb.« nicht abgekürzt und die Daten einheitlich mit Monat entweder als Zahl oder in Ziffern geschrieben werden.

Tätigkeitsbeschreibung:

Eingeschränkt informativ

- Es bleibt offen, um was für Auftraggeber es sich handelt, so dass auch Art und Umfang der Objekte für den Leser schwer einschätzbar sind.
- Wesentliche Aufgaben fehlen.
- Der Verantwortungsumfang bei der Organisation und Durchführung von Versteigerungen wurde durch die Hinzufügung »unterstützende Tätigkeit« nicht richtig dargestellt.
- Artikel sind in einer tabellarischen Aufzählung überflüssig, ebenso die Satzpunkte am Ende jeden Aufzählungspunktes.

Leistungsbeurteilung:

Viel Einsatz, wenig Erfolg

- Die Leistungsbeurteilung stellt übertrieben stark auf die Einsatzbereitschaft der Mitarbeiterin ab. Diese wird gleich viermal angesprochen und so heißt es:
  »außerordentlich einsatzfreudige«
  »Aufgrund ihres persönlichen Einsatzes«
  »mit großem Engagement«
  »selbstverständlich ... zusätzliche Aufgaben ... zu übernehmen«
- Andere Leistungsbereiche, wie z.b. Fähigkeiten, Arbeitserfolg oder Mitarbeiterführung werden dahingehend kaum oder gar nicht angesprochen und beinhalten damit Leerstellen, die als »beredtes Schweigen« gewertet werden könnten.
- Die Leistungsbeurteilung hat kaum Bezug zur Tätigkeitsbeschreibung und wirkt dadurch wenig individuell. Liest man sie separat, wäre nicht zu erahnen, bei welcher Tätigkeit die beschriebene Leistung erbracht wurde. So könnte sie für so ziemlich jeden Mitarbeiter im Unternehmen verwendet werden.

Fazit: Durch die Überbetonung der Arbeitsbereitschaft könnte der Eindruck entstehen: Sie war zwar bemüht, aber es kam nicht viel dabei heraus.

Verhaltensbeurteilung:

- Die Verhaltensbeurteilung ist recht kurz und gibt keinerlei Auskunft über die Persönlichkeit und Sozialkompetenz der Mitarbeiterin.

Externes Verhalten?

- Aufgrund der starken Außenorientierung der Tätigkeit ist die fehlende Bewertung des Verhaltens gegenüber Auftraggebern und Geschäftspartnern als »beredtes Schweigen« negativ auszulegen und damit als deutliche Kritik zu verstehen.

Schlussformulierungen:

- Die Schlussformulierungen sind sehr einsilbig und lassen den Grund für das Zeugnis offen. Dies bietet Raum für Spekulationen hinsichtlich einer bevorstehenden Kündigung, zumal auch schon die Überschrift nach Endzeugnis klingt.
- Das Fehlen eines jeglichen Dankes und guter Wünsche wird den Leser in einer skeptischen Auslegung der Leistungs- und Verhaltenbeurteilung bestärken.
- Dass das Zeugnis nur vom Personalleiter und nicht vom Fachvorgesetzten unterschrieben wurde, wirkt distanziert und ist formal falsch.

Im Anhang finden Sie eine überarbeitete Version des Zeugnismusters (siehe S. 203), die – wie vom Arbeitgeber eigentlich beabsichtigt – eine gute (2 bis 2+) Beurteilung widerspiegelt.

6.2 Übung 2

Zwischenzeugnis

Herr Diplom-Ingenieur Michael Meister, geboren am 31. August 1969 in Köln, ist seit dem 01. März 2001 als Vertriebs-Ingenieur im Außendienst für uns tätig.

Sein komplexer und breitgefächerter Tätigkeitsbereich umfasst die selbstständige und eigenverantwortliche Erledigung folgender Aufgaben:

Arbeitgeberentwurf

- Fachkundige Beratung und Betreuung unserer Kunden und potentiellen Kunden
- Akquisition von Neukunden, Aufträgen und Projekten
- Angebotserstellung sowie Planung, technische Evaluierung und Spezifikation von Projekten
- Nachverfolgung von Angeboten und Ausschreibungen, Führen von Vertragsverhandlungen bis hin zum eigenständigen Vertragsabschluss
- Präsentation unseres Produkt- und Leistungsspektrums vor Ort und auf Messen
- Planung, Steuerung und Durchführung des Vertriebs und der Kundenbesuche
- Reporting an den Vertriebsleiter sowie ständiger Informationsaustausch mit dem Vertriebs-Innendienst
- Ausarbeitung, Organisation und Durchführung von Kunden-Schulungen
- After Sales Betreuung und technischer Support
- Intensive Marktbeobachtung und -analyse in Hinblick auf Trends, Wettbewerber und Erzeugnisse
- Mitwirkung bei der Entscheidung zur Sortimentsgestaltung
- Mitwirkung bei der Erarbeitung und Umsetzung von verkaufsfördernden Maßnahmen

Schon nach kurzer Einarbeitungszeit erledigte Herr Meister selbstständig und eigenverantwortlich die ihm übertragenen Arbeiten. Er ist ein außerordentlich engagierter und fleißiger Mitarbeiter, der sich absolut mit seinen Aufgaben identifiziert und immer eine ausgezeichnete Leistungsbereitschaft, Eigeninitiative und Einsatzfreude auch über die übliche Arbeitszeit hinaus zeigt.

Aufgrund seiner raschen Auffassungsgabe arbeitet er sich schnell und sicher in neue Aufgabenstellungen ein und verbindet ein sehr gutes analytisch-konzeptionelles Urteils- und Denkvermögen mit praxisnahen operativen Lösungen, die er zielstrebig realisiert. Ein hervorragendes Organisationstalent gehört ebenso zu seinem Qualifikationsprofil wie überdurchschnittliche Kreativität, Flexibilität und Belastbarkeit gepaart mit einem ausgezeichneten Verantwortungs- und Kostenbewusstsein.

Er besitzt ein umfangreiches, fundiertes und aktuelles Fachwissen, auch in angrenzenden Fachbereichen. Seine sehr gute praktische Ausbildung und das erfolgreiche Studium im elektrotechnischen Bereich bilden hier eine hervorragende Grundlage, die er kontinuierlich in der Berufspraxis ausbaut. Herr Meister integriert oft neue praktikable Ideen genauso erfolgreich in seine Arbeit, wie seine sehr guten und detaillierten Produkt- und Branchenkenntnisse sowie die praxiserprobten Vertriebs- und Marketingtechniken.

Er ist ein sehr gewissenhafter, zuverlässiger und eigenverantwortlich arbeitender Mitarbeiter, der seine Aufgaben immer äußerst selbstständig, zielstrebig und sorgfältig erledigt. So erzielt Herr Meister auch in Ausnahmesituationen ausgezeichnete Ergebnisse in qualitativer und quantitativer Hinsicht, wobei er die abgestimmten Termine jederzeit einhält und die selbst gesetzten und die vereinbarten Ziele immer erreicht, oft sogar übertrifft. So leistet er einen bedeutenden Beitrag zur Erweiterung unseres Vertriebsgebietes und zur kontinuierlichen Steigerung unseres Umsatzes. Durch seinen engagierten Einsatz zählen wir heute viele renommierte Großkunden zu unserem gewinnbringenden Kundenkreis. Besonders hervorzuheben ist seine Fähigkeit, trotz der schwierigen Wettbewerbslage kontinuierlich neue Kunden zu gewinnen und dauerhaft an unser Unternehmen zu binden.

Herr Meister zeigt sich stets als absolut zuverlässiger, jederzeit einsatzfreudiger, kommunikativer, leistungsstarker und verantwortungsbewusster Mitarbeiter. Alle Aufgaben führt er immer zu unserer vollsten Zufriedenheit aus.

Aufgrund seiner sachlichen, konstruktiven Zusammenarbeit und seines kollegialen und aufgeschlossenen Wesens ist er stets bei Vorgesetzen und Mitarbeitern gleichermaßen sehr geschätzt und anerkannt. Unseren Geschäftspartnern und Kunden gegenüber tritt er immer sehr sicher und gewandt auf. Er ist aufgrund seiner hervorragenden Produktkenntnisse ein respektierter und gesuchter Ansprechpartner. Dank seiner Kontaktstärke versteht es Herr Meister bestens, bestehende Kontakte zu pflegen, zu vertiefen sowie neue zu knüpfen und dadurch ein sehr effektives Kundenbeziehungsmanagement zu installieren. Er repräsentiert unser Unternehmen in vorbildlicher Weise. Auf seine Loyalität und Diskretion können wir uns jederzeit absolut verlassen.

Herr Meister erbat dieses Zwischenzeugnis anlässlich einer betrieblichen Umstrukturierung mit für ihn geänderten Betriebsabläufen. Wir möchten ihm bei dieser Gelegenheit für die jederzeit sehr angenehme und produktive Zusammenarbeit danken und wünschen ihm für seinen weiteren Karriereweg in unserem Hause weiterhin viel Erfolg sowie persönlich alles Gute.

Wiesbaden, 25. Januar 2007

Unterschrift   Unterschrift
ppa. ...   ppa. ...

Kommentar zu Übungszeugnis 2

Gut gemeint, aber nicht gelungen   Auch dieses Zeugnis ist ein Beispiel für ein gut gemeintes, jedoch nicht gelungenes Zeugnis. Im Gegensatz zu dem Übungszeugnis 1, das viel zu mager war, ist dieses übertrieben ausführlich in der Leistungs- und Verhaltensbeurteilung. Hier wurde das Kind mit dem Bade ausgeschüttet und der schmale Grad der Glaubwürdigkeit überschritten.

Tätigkeitsbeschreibung:

● Die Positions- und Tätigkeitsbeschreibung ist angemessen lang, übersichtlich und informativ. Sie wirkt positiv auf den Gesamteindruck.

Leistungsbeurteilung:

● Die Leistungsbeurteilung ist außerordentlich lang und wirkt übertrieben, was Zweifel an der Glaubwürdigkeit der als solches sehr guten (1) Beurteilung aufkommen lassen wird. Dies gilt insbesondere für die Darstellung der Arbeitsbereitschaft, die mehr als ausführlich behandelt wird sowie die Darstellung der Fähigkeiten, bei auch viele Fähigkeiten gelobt werden, die nicht gerade maßgeblich für eine Vertriebstätigkeit sind (z.B. Organisationstalent, Kreativität). Darüber hinaus beinhaltet die Leistungsbeurteilung zahlreiche Wiederholungen, teils mit abweichender Benotung, was ungereimt ist.

Übertrieben ausführlich

Verhaltensbeurteilung:

● Auch die Verhaltensbeurteilung ist ebenfalls sehr ausführlich. Sie ist als sehr gut (1) einzuschätzen, wobei aber auch hier ein unangenehmer Beigeschmack verbleibt.

Schlussformulierungen:

● Die Ausstellung des Zwischenzeugnisses wird plausibel begründet.
● Der Dank und die Zukunftswünsche sind sehr gut (1).
● Ausstellungsdatum und Unterschriften sind in Ordnung. Es fehlen lediglich die Positionsbezeichnungen der Unterzeichner.

Fazit: Ein übertrieben sehr gutes Zeugnis, bei dem die Vermutung nahe liegt, dass es vom Mitarbeiter selbst geschrieben wurde. In diesem Fall gilt ganz klar: Weniger ist mehr!

Weniger ist mehr

6.3   Übung 3

Arbeitgeber-entwurf

Zeugnis

Herr Rolf Wächter, geboren am 26.03.1956, war seit dem 01.06.1993 bei uns als Abteilungsleiter Heizung, Pumpen, Solartechnik angestellt. In der Abteilung waren außer Herrn Wächter noch drei Mitarbeiter eingesetzt.

Zu den Aufgaben von Herrn Wächter gehörte:

- Einkauf von Heizungen, Pumpen und Solartechnik, wobei er Preise und sonstige Konditionen auszuhandeln hatte und in Abstimmung mit der Geschäftsleitung weitgehend darüber zu entscheiden hatte, welche Produkte in das Sortiment genommen wurden
- Verkauf von Heizungen, Pumpen und Solartechnik am Tresen und Telefon sowie beim Kunden vor Ort, einschließlich Preisverhandlung innerhalb des von der Geschäftsleitung vorgegebenen Rahmens
- Ausübung der von der Geschäftleitung vorgegebenen organisatorischen Aufgaben innerhalb der Abteilung

Herr Wächter verfügt über fundierte Fachkenntnisse, die er erfolgreich in seinem Aufgabengebiet einsetzte und die es ihm ermöglichten, sich schnell einzuarbeiten und bereits nach kürzester Zeit seine Aufgaben vollständig auszuführen.

Herr Wächter hat die ihm übertragenen Aufgaben stets zu unserer vollsten Zufriedenheit erledigt. Sein Verhalten gegenüber Vorgesetzten, Mitarbeitern und Kunden war gut. Er wusste sich in Konfliktsituationen gegenüber Kunden sowie Mitarbeitern durchzusetzen und fand nur Anerkennung.

Herr Wächter war ehrlich, pünktlich und zuverlässig.

Wir haben das Arbeitsverhältnis aus betrieblichen Gründen zum 28.02.2004 beendet und wünschen

Herrn Wächter für seinen weiteren beruflichen Werdegang alles Gute.

Karlsruhe, den 17.06.2004

Unterschrift
Geschäftsführer

Kommentar zu Übungszeugnis 3

Tätigkeitsbeschreibung:

Die Tätigkeitsbeschreibung wirkt außerordentlich negativ. Dies hat verschiedene Gründe:

- Zum einen ist sie in Hinblick auf die Position und die sehr lange Beschäftigungsdauer des Mitarbeiters extrem kurz und vermittelt schon damit den Eindruck, dass man sich keinerlei Mühe mit dem Zeugnis gegeben hat (Knappheitstechnik). Gleichzeitig hat die Tätigkeitsbeschreibung dabei einen minimalen sachlichen Informationswert.

  Minimaler Informationswert

- Zum anderen enthält sie sehr viele Passivformulierungen, die insbesondere bei einer Führungskraft sicherlich als Hinweis auf eine mangelnde Eigeninitiative und/oder mangelhafte Ausführung der Aufgaben verstanden werden (Passivierungstechnik). So heißt es »war angestellt«, »war eingesetzt« und »wobei er ... auszuhandeln hatte.«

- Noch gravierender ist aber, dass in besonderer Weise (fast in jedem Satz) indirekt betont wird, dass der Mitarbeiter eigentlich nichts zu sagen hatte. Denn bei jedem Tätigkeitspunkt wird hinzugefügt »in Abstimmung mit der Geschäftsleitung«, »innerhalb des von der Geschäftsleitung vorgegebenen Rahmens« oder »der von der Geschäftsleitung vorgegebenen organisatorischen Aufgaben«. Im Klartext heißt dies, dass man den Mitarbeiter in keinem Fall allein machen oder gar entscheiden lassen konnte, was auch noch einmal durch die Einschränkung »weitgehend darüber zu entscheiden hatte« unterstrichen wird (Einschränkungstechnik).

  Nicht der Führungsposition angemessen

- Auch bei der Darstellung der Personalverantwortung heißt es nicht etwa »waren ihm x Mitarbeiter unterstellt« o.ä., sondern »In der Abteilung waren außer Herrn Wächter noch drei Mitarbeiter eingesetzt«. Schon mit dieser Formulierung stellt man den Abteilungsleiter auf gleiche Ebene mit den anderen Mitarbeitern und betont, dass von Führungs- und Personalverantwortung nicht die Rede sein konnte, was dann durch die fehlende Beurteilung der Personalführung auch noch einmal unterstrichen wird.

Leistungsbeurteilung:

- Auch die Leistungsbeurteilung ist extrem kurz und bringt damit deutliche Geringschätzung zum Ausdruck. Sie beinhaltet Leerstellen in fast allen Leistungsbereichen, die ganz sicher als »beredtes Schweigen« verstanden und entsprechend negativ ausgelegt werden.

Leerstellen-technik

- Dass Herr Wächter in der Lage war, die »übertragenen Aufgaben vollständig auszuführen« heißt im Klartext: vollständig, aber nicht sehr gut und ohne Erfolg (= mangelhaft (5)). So verwundert es nicht, dass Angaben zu den Verkaufserfolgen oder aber auch zu den Verhandlungserfolgen im Einkauf fehlen.

Kritik an Mitarbeiter-führung

- Hinsichtlich der Mitarbeiterführung wird lediglich auf Durchsetzungsvermögen in Konfliktsituationen hingewiesen. Auch wenn Durchsetzungsstärke als solches positiv bei einer Führungskraft zu bewerten ist, kommt gleichsam zum Ausdruck, dass es offensichtlich in erheblichen Maße Konfliktsituationen – sowohl mit Mitarbeitern, als auch mit Kunden – gab und wird man dies dem Mitarbeiter in dem gegebenen Kontext sicherlich als Kritik anlasten.

- Die Zufriedenheitsformel »stets zu unserer vollsten Zufriedenheit« entspricht für sich genommen der Note sehr gut (1), spiegelt sich jedoch in keiner Weise im Kontext wider, so dass sie völlig unglaubwürdig wirkt.

- Auch unter Berücksichtigung der Schlussformulierungen ist insgesamt von einer mangelhaften (5) Leistung auszugehen.

Verhaltensbeurteilung:

- Das Verhalten von Herrn Wächter »war gut« – dies offensichtlich aber nicht immer (es fehlt der Zeitfaktor immer, stets, jederzeit) und nicht gegenüber jedem (es werden die Lieferanten nicht genannt). Im Umkehrschluss heißt dies: Es gab oftmals Probleme. Der nächste Satz deutet auch gleich recht offen an, dass diese Probleme im Umgang mit Mitarbeitern und Kunden lagen, wo es zu Konflikten kam, mit denen Herr Wächter nicht angemessen umgehen konnte. Denn Konflikten im Kundenkontakt durch Durchsetzungsstärke zu begegnen, ist sicherlich nicht das adäquate Mittel. Hier wäre eher diplomatisches Geschick oder Fingerspitzengefühl gefragt.

  Probleme mit Mitarbeitern und Kunden

- Dass man Herrn Wächter dann noch Ehrlichkeit und Pünktlichkeit attestiert, setzt dem ganzen Zeugnis letztlich noch die Krone auf, sind dies doch Selbstverständlichkeiten, die bei einer Führungskraft vorauszusetzen sind. Offensichtlich wollte man noch einmal betonen, dass es auch rein gar nichts Wesentliches zu loben gab.

Schlussformulierungen:

- Es wird betont, dass die Kündigung seitens des Arbeitgebers erfolgte. Zwar werden betriebliche Gründe angegeben, doch dies wirkt vorgeschoben und wenig glaubhaft, zumal diese auch nicht weiter ausgeführt wurden.

- Dass man Herrn Wächter keinen Dank ausspricht und sein Ausscheiden auch in keiner Weise bedauert, verwundert nicht und wird den Leser in einer negativen Auslegung des Zeugnisses bestärken.

  Kein Dank, kein Bedauern

- Bei den Zukunftswünschen ist negativ auffällig, dass man diese lediglich auf den beruflichen Werdegang von Herrn Wächter bezieht und man ihm nicht auch persönlich alles Gute wünscht.

- Ausstellungsdatum und Unterschrift sind nicht zu beanstanden.

Fazit: Die sehr gute Zufriedenheitsformel kann nicht darüber hinweg täuschen, dass es sich hierbei um ein außerordentlich schlechtes Zeugnis handelt.

Kapitel 3
Struktur und Inhalte

Inhaltliche Ausgestaltung In den vorherigen Kapiteln wurde betrachtet, was aus juristischer Sicht in ein Zeugnis gehört, damit es die formalen Ansprüche erfüllt. Zudem wurde aufgezeigt, welche Systematik hinter der Zeugnissprache steht und in welcher Weise Lob und Tadel zum Ausdruck gebracht werden können. Dieses Kapitel soll nun mehr auf die inhaltlichen Aspekte eingehen. Es soll im Detail betrachtet werden, was konkret in welcher Reihenfolge und in welchem Umfang in einem Zeugnis genannt werden muss und was dabei im Einzelnen zu beachten ist.

1. Aufmachung

Schon das Äußere eines Zeugnisses sagt einiges über das ausstellende Unternehmen aber auch über den beurteilten Mitarbeiter aus. So fallen z.b. Tippfehler, Brüche in der Gestaltung (z.b. wechselnder Zeilenabstand, Wechsel zwischen linksbündiger Schreibweise und Blocksatz, uneinheitliche Aufzählungspunkte) oder eine unlogische, nicht nachvollziehbare Absatzgestaltung ebenso negativ auf den Aussteller wie auf den Mitarbeiter zurück. Daher sollten Sie nicht nur den Inhalten, sondern auch der Aufmachung besondere Beachtung schenken.

Tipp

1.1 Vergangenheit oder Gegenwart?

Endzeugnisse werden üblicherweise in der Vergangenheitsform und Zwischenzeugnisse sowie vorläufige Zeugnisse in der Gegenwartsform geschrieben.

Es gibt aber Ausnahmen, bei denen auch in einem Endzeugnis das Präsens gewählt werden sollte. Dies gilt insbesondere dann, wenn von »verfügt« die Rede ist.

Beispiel

»Er verfügt über ausgezeichnete Fachkenntnisse, die er gewinnbringend bei seiner Arbeit einsetzen konnte«.

Hier ist die Gegenwartsform in dem ersten Teil des Satzes richtig, denn es ist davon auszugehen, dass der Mitarbeiter auch noch nach dem Ausscheiden über diese Kenntnisse verfügen wird. Ob er sie in einem anderen Beschäftigungsverhältnis auch wieder einsetzen kann, ist dahingehend offen, weswegen sich der zweite Teil des Satzes nur auf die Vergangenheit beziehen kann.

Auch Sätze mit dem Verb »ist« werden häufig im Präsens geschrieben.

Beispiel

»Sie ist eine sehr gewissenhafte Mitarbeiterin, die mit großer Sorgfalt und Umsicht arbeitete.«

Wurde für ein Zwischenzeugnis die Vergangenheitsform gewählt, so ist dies vielsagend. Es deutet an, dass das Arbeitsverhältnis keineswegs ungekündigt ist, sondern vielmehr bereits der Vergangenheit angehört.

1.2 Abkürzungen vermeiden

Ein Zeugnis muss für jedermann und somit auch für Branchenfremde verständlich sein. Daher sollten Sie fachspezifische Abkürzungen oder Bezeichnungen aus dem betriebsinternen Sprachgebrauch (z.B. Abteilungskürzel) nicht oder nur in soweit verwenden, wie sichergestellt ist, dass ein potentieller Leser des Zeugnisses sie auch versteht.

Auf gebräuchliche Abkürzungen, wie »z.B.«, »geb.« oder »u.a.«, sollte zumindest im Fließtext verzichtet werden. Sie sind zwar für Dritte verständlich, wirken aber ein wenig abwertend, da es sich bei einem Zeugnis um ein besonderes Dokument handelt, bei dem vom Aussteller schon eine gewisse Mühe und Sorgfalt erwartet werden kann. *Mühe des Ausschreibens machen*

Die Abkürzung des Doktortitels ist dahingegen unbedenklich. Auch haben Abkürzungen in einer tabellarischen Aufzählung meist keine negative Wirkung, soll doch eine solche Aufzählung Informationen so knapp und prägnant wie möglich darstellen.

2. Gliederung – bitte hübsch der Reihe nach

Übliche Gliederung ist zu beachten

Laut Urteil des Landesarbeitsgericht Hamm muss der Arbeitgeber bei der Zeugniserstellung nicht nur die Zeugnissprache sondern auch die gebräuchliche Gliederung beachten.

Ein Zeugnis besteht grob gegliedert aus den Bereichen Überschrift, Einleitung, Positions- und Tätigkeitsbeschreibung, Leistungsbeurteilung, Verhaltensbeurteilung sowie Schlussformulierungen. An diese Gliederung sollten Sie sich beim Schreiben eines Zeugnisses nicht nur aufgrund der juristischen Vorgabe halten, sondern auch, um eine unprofessionell wirkende Vermischung der verschiedenen Elemente zu vermeiden. Darüber hinaus ermöglichen Sie damit dem Leser schon beim ersten Überfliegen ein gezieltes Finden sowie eine schnelle Erfassung der wesentlichen Informationen und stellen sicher, dass das Zeugnis richtig zur Geltung kommt.

Da die Reihenfolge in Zeugnissen eine besondere Rolle spielt, könnte die Verletzung des üblichen Aufbaus zudem als verdeckte Kritik verstanden werden. Bewerten Sie beispielsweise erst das Verhalten und danach knapp die Leistung, stellt dies eine Abwertung der Leistung dar.

2.1. Längen und Proportionen

Die Länge eines Zeugnisses hängt von vielen Faktoren ab. So beeinflussen nicht nur gestalterische Elemente, wie z.B. Schriftgröße, Zeilenabstand oder Textbreite die Gesamtlänge, sondern auch Faktoren wie Beschäftigungsdauer, hierarchische Position oder die Häufigkeit der internen Tätigkeitswechsel. Ausschlaggebend ist aber nicht nur die Länge, sondern vielmehr, dass das Zeugnis inhaltlich auch aussagekräftig, vollständig und proportional ausgewogen ist.

Maximal zwei Seiten

Grundsätzlich gilt die Faustregel, dass ein Zeugnis maximal zwei Seiten umfassen sollte (bei äußerst langer Beschäftigungsdauer und/oder häufigen Tätigkeitswechseln ggf. auch drei Seiten). Der Minimalumfang ist dahingegen schwieriger festzulegen. Hier können Zahlen wie 300 bis 350 Wörter bzw. 2100 bis 2800 Zeichen nur als ganz grobe Richtwerte dienen.

Circa 60 Prozent aller guten Zeugnisse von Fach- und Führungskräften erstrecken sich über mehr als eine Seite, auch wenn die Beschäftigungsdauer nicht sehr lang war.

Überschrift
Eingangsteil
– akademischer Grad, Titel, **Vorname, Name** – Geburtsdatum und -ort (mit Einverständnis des Mitarbeiters) – **Tätigkeitsbezeichnung(en),** ggf. Einsatzort(e), – **Dauer des Arbeitsverhältnisses, Befristung, Teilzeitumfang, ABM, längere Unterbrechungen** – ggf. verwendete Software, Maschinen, o.Ä.
Unternehmensskizze (Branche, Produkte, Marktstellung, Mitarbeiter, Konzernzugehörigkeit)

Gliederung eines qualifizierten Zeugnisses

Positions- und Aufgabenbeschreibung		
Hierarchische Position	**Haupt- und Sonderaufgaben**	**Prokura, Handlungsvollmacht-Kompetenzen, Verantwortung**

Leistungsbeurteilung				
Arbeitsbereitschaft	**Fähigkeiten**	**Fachwissen, Weiterbildung**	**Arbeitsweise**	**Arbeitserfolg**

Führungsleistung (nur bei Vorgesetzten):
Zahl und Art der Mitarbeiter (sofern nicht schon genannt), Abteilungs-/Teamleistung, Arbeitsatmosphäre, Betriebsklima, Mitarbeiterzufriedenheit etc.

Zufriedenheitsformel		
Verhaltensbeurteilung		
Internes Verhalten Gegenüber Vorgesetzten, Gleichgestellten, Untergebenen	**Externes Verhalten** Gegenüber Kunden, Geschäftspartnern	**Soziale Kompetenzen**
Schlussteil		
Kündigungs- /Zeugnisinitiative ggf. Grund	**Dankes-Bedauern-Formel** ggf. Empfehlung, Referenz Zukunftswünsche/Grußformel	**Ausstellungsort, -datum Unterschrift(en)** maschinengeschriebene Name(n), Funktionsbezeichnung

2.2 Überschrift – nur was drauf steht, ist auch drin

Eine Überschrift muss sein

Ein Zeugnis ist als solches zu betitulieren (LAG Düsseldorf, Urteil vom 23.5.1995, Az.: 3 Sa 253/95), wobei aus der Überschrift erkennbar sein sollte, um was für ein Zeugnis es sich handelt. Hierbei ist zwischen einem Endzeugnis, Ausbildungszeugnis, Zwischenzeugnis oder vorläufigen Zeugnis zu unterscheiden. Ob Sie ein Endzeugnis mit »Zeugnis«, »Arbeitszeugnis« oder »Dienstzeugnis« überschreiben, ist letztlich Geschmackssache und hat keine Auswirkung auf die inhaltliche Interpretation. Die am häufigsten verwendete Bezeichnung ist schlicht »Zeugnis« bzw. im öffentlichen Dienst »Dienstzeugnis«.

Bei einem Zwischenzeugnis ist das Arbeitsverhältnis ungekündigt, wohingegen bei einem vorläufigen Zeugnis eine Kündigung bereits erfolgte, der Austritt aufgrund einer sehr langen Kündigungsfrist aber erst in Wochen oder Monaten erfolgen wird.

Wird ein Endzeugnis mit »Zwischenzeugnis« überschrieben, könnte dies unter Umständen auf eine gerichtliche Auseinandersetzung schließen lassen. Nach dem Motto: Wir hatten dem Mitarbeiter gekündigt (daher der Endzeugnistext), aber die Wirksamkeit der Kündigung ist noch nicht gerichtlich bestätigt (daher die Überschrift »Zwischenzeugnis«)

Geeignete Überschriften:	Ungeeignete Überschriften:
Zeugnis	Endzeugnis
Arbeitszeugnis	Abschlusszeugnis
Dienstzeugnis	qualifiziertes Zeugnis
	einfaches Zeugnis
	Bescheinigung
	Arbeitsbescheinigung
Ausbildungszeugnis	
Berufsausbildungzeugnis	
Praktikumszeugnis	
Volontariatszeugnis	
Vorläufiges Zeugnis	
Zwischenzeugnis	

2.3 Eingangsteil – wer, wo, was, wie lange

Die Einleitung beinhaltet eine ganze Reihe grundlegender Informationen über Sie als Zeugnisempfänger sowie über Art und Dauer des Beschäftigungsverhältnisses. Gegebenenfalls erhält der Leser zusätzlich auch Informationen über das Unternehmen, durch die Ihre Tätigkeit besser eingeschätzt werden kann.

Neben sachlichen Informationen kann der Eingangsteil auch Wertungen enthalten. Wird beispielsweise durch die Formulierung »Das Arbeitsverhältnis dauerte von … bis…« lediglich die rechtliche Existenz Ihres Arbeitsverhältnisses hervorgehoben, so kann dies andeuten, dass das Arbeitsverhältnis in erster Linie auf dem Papier bestand und Sie in der Praxis nur kurze Zeit wirklich gearbeitet haben.

Verweis auf andere Zeugnisse Da sich das Endzeugnis auf die gesamte Rechtsdauer des Arbeitsverhältnisses beziehen muss, ist es ungenügend, wenn auf frühere Zwischenzeugnisse verwiesen wird. Einzige Ausnahme ist hierbei das Ausbildungszeugnis. Dies behält auch bei einem späteren Zeugnis des gleichen Arbeitgebers seine Gültigkeit.

a) Angaben über den Zeugnisempfänger

Üblich ist die Nennung von akademischem Grad (sofern vorhanden) sowie Vor- und Zuname. Geburtsdatum und -ort dürfen nach dem Allgemeinen Gleichbehandlungsgesetz vom 18.8.2006 nur noch mit dem Einverständnis des Mitarbeiters genannt werden. Die Angabe des Mädchennamens findet sich heutzutage nur noch selten und ist sicherlich auch nicht mehr zeitgemäß.

Die Mitarbeiteranschrift hat in einem Zeugnis nichts zu suchen, zumal aus ihr unter Umständen Rückschlüsse auf das private Umfeld gezogen werden könnte. Auch ist sie zur genaueren Identifizierung des Zeugnisempfängers ungeeignet, da sie sich ja jederzeit ändern kann. Daher ist sie **Keine Adressierung** weder im Einleitungssatz anzugeben, noch darf sie in dem für Briefe üblichen Adressfeld stehen (LAG Hamm, Urteil vom 17.6.1999, Az.: 4 Sa 258/98). So könnte nach Meinung des Landgerichtes eine Adressierung den Eindruck erwecken, das Zeugnis sei dem ausgeschiedenen Arbeitnehmer nach einer gerichtlichen oder außergerichtlichen Auseinandersetzung über den Inhalt postalisch zugestellt worden. Aber selbst wenn man die Ableitung einer Auseinandersetzung für übertrieben hält, so ist doch sicherlich unbestritten, dass eine Adressierung dieses wichtige Dokument auf das Niveau eines normalen Geschäftsbriefes degradiert und es liegt die Vermutung nahe, dass man sich die Mühe eines Begleitschreibens sparen wollte.

b) Beschäftigungszeitraum und -umfang

Aus dem Zeugnis muss hervorgehen, wann und wie lange Ihr Beschäftigungsverhältnis genau bestand oder – bei einem Zwischenzeugnis – seit wann es besteht. Dabei ist die rechtliche und nicht die tatsächliche Dauer maßgeblich (BGH, Urteil vom 9.11.1967, Az.: II ZR 64/67). Als Austrittsdatum ist somit nicht der letzte Arbeitstag abzugeben, sondern der Tag, an dem Ihr Arbeitsvertrag endet. Meist sind diese Daten identisch, oftmals weichen sie aber auch voneinander ab, wenn z.B. noch Urlaubsansprüche bestanden oder eine Freistellung erfolgte.

Maßgeblich ist die rechtliche Dauer

Im Endzeugnis muss sich die Bewertung der Leistung und Führung über den gesamten Beschäftigungszeitraum erstrecken, auch dann, wenn Sie im Laufe der Jahre sehr unterschiedliche Tätigkeiten im Unternehmen ausgeführt haben und Ihnen für frühere Tätigkeiten bereits ein bzw. mehrere Zwischenzeugnisse erteilt wurden (LAG Baden-Württemberg, Urteil vom 6.2.1968, Az.: 4 Ta 14/68). Selbst auf Ihren Wunsch hin dürfte der Arbeitgeber nicht getrennte Zeugnisse für die verschiedenen Funktionen ausstellen, zumindest hielt das Landesarbeitsgericht Frankfurt a.M. eine derartige Vereinbarung für unwirksam (Urteil vom 23.1.1967, Az.: 5 Sa 373/67).

Üblicherweise wird der Beschäftigungszeitraum in der Einleitung angegeben. Alternativ kann an dieser Stelle auch nur das Eintrittsdatum und später in den Schlussformulierungen dann der Austrittstermin genannt werden.

Scheiden Sie zu einem »krummen« Termin aus, sollte dies nicht unerläutert bleiben. Fügen Sie das Wort »fristgemäß« ein, wenn die Kündigungsfrist zu einem solchen Termin geführt hat, was z.B. in der Probezeit durchaus der Fall sein kann. Oder geben Sie an, wenn man Sie beispielsweise wegen eines Umzugs, eines neuen Tätigkeitsbeginns oder eines anderen Grundes vorzeitig hat gehen lassen.

»Krummer« Austrittstermin

Beschäfti-gungsumfang bei Teilzeit-kräften

Bei Teilzeitkräften muss neben der Beschäftigungsdauer auch der Beschäftigungsumfang, z.b. in Form der Wochenarbeitsstunden/-zeiten angegeben werden, damit nicht ein falsches Bild vom Ausmaß der erworbenen Berufserfahrung entsteht. Aus diesem Grund werden oftmals auch erhebliche Fehlzeiten, z.b. aufgrund von Elternzeit, Wehr- bzw. Zivildienst oder einer Freistellung für ein Studium erwähnt. Rechtlich zulässig ist dies jedoch nur dann, wenn diese Fehlzeiten für das Arbeitsverhältnis prägend waren. Dies trifft z.b. bei einer Fehlzeit von einem Jahr und einer Gesamtbeschäftigungsdauer von zwei Jahren zu. Bei einer Beschäftigungsdauer von 15 Jahren wäre eine solche Fehlzeit jedoch zu vernachlässigen.

So wies das Bundesarbeitsgericht in Erfurt wies die Klage eines Kochs ab, der gut vier Jahre beschäftigt, davon aber zwei Jahre und neun Monate im Erziehungsurlaub war. Nach der Rückkehr hatte er nur noch viereinhalb Monate gearbeitet. Das Gericht sah die Erwähnung der Elternzeit im Zeugnis als gerechtfertigt und zulässig, um deutlich zu machen, dass dem Arbeitgeber eine aktuelle Beurteilung nur eingeschränkt möglich war (BAG in Erfurt, Urteil vom 10.5.2005, Az.: 9 AZR 261/04).

Abschluss-prüfung bei Azubis

Bei Auszubildenden sollte nicht nur das Datum des Ausbildungsendes angegeben werden, sondern auch ein Hinweis auf die bestandene Abschlussprüfung. Ein Nichtbestehen der Prüfung darf nicht erwähnt werden. Es würde, nach Ansicht der Gerichte, durch ein »beredtes Schweigen« zur Abschlussprüfung in ausreichender Weise deutlich gemacht. Auch ein vorzeitiger Abbruch darf nicht hervorgehoben werden, sondern spiegelt sich in der Kürze des Beschäftigungszeitraums wider.

c) Tätigkeitsbezeichnung und Einsatzort

Wenn sich der Aufgabenbereich im Laufe der Beschäftigung nicht häufiger verändert hat, kann bereits im Einleitungssatz erwähnt werden, als was der Mitarbeiter tätig war und wo (z.b. in welchem Bereich oder in welcher Abteilung) er eingesetzt wurde. Dies erhöht die Übersichtlichkeit.

Die Tätigkeitsbezeichnung ist nicht zu verwechseln mit **Hierarchische** der Berufsbezeichnung und sollte nach Möglichkeit auch **Stellung** Aufschluss über die hierarchische Stellung geben. So ist es für den Leser wenig aufschlussreich, wenn es heißt »in unserem Hause als Betriebswirtin beschäftigt«. Informativer wäre dahingegen die Formulierung »in unserem Hause als Abteilungsleiterin Qualitätssicherung tätig«.

Einleitung	
Endzeugnis	»Herr Diplom-Ingenieur Dr. Rolf Kaufmann, geboren am 07. September 1963 in Oldenburg, war vom ... bis zum ... als Bereichsleiter Forschung & Entwicklung am Standort ... für uns tätig.«
Zwischenzeugnis	»Frau ... ist seit dem ... als ... bei uns tätig«
	»Herr ... trat am ... als ... in unser Unternehmen ein. Zunächst absolvierte er eine Ausbildung zum ..., die er am ... mit sehr gutem Erfolg abschloss. Das Ausbildungszeugnis vom ... gibt hierüber genauere Auskunft. Im Anschluss daran übernahmen wir ihn in ein festes Angestelltenverhältnis als ...«
Ausbildungs-zeugnis	»... erlernte vom ... bis zum ... mit (sehr gutem/gutem) Erfolg den Beruf des ...«
	»... war vom ... bis zum erfolgreichen Abschluss am ... bei uns als Auszubildender für den Beruf des ... tätig«
	»... hat am ... ihre Ausbildung zur ... in unserem Hause begonnen, die am ... mit der erfolgreichen Ablegung der Abschlussprüfung vor der ...-kammer endete.«

Befristetes Arbeitsverhältnis	»Frau … war vom … bis zum … im Rahmen eines befristeten Arbeitsverhältnisses als …. in der Abteilung … tätig.«
Teilzeit-beschäftigung	»Herr … war vom … bis zum … als Halbtagskraft zur Aushilfe in der Abteilung … tätig und wurde dort als … eingesetzt.« »Frau … war bei uns vom … bis zum… als Teilzeitmitarbeiterin tätig. Ihre wöchentliche Arbeitszeit betrug 15 Stunden.«
langfristig unterbrochenes Arbeitsverhältnis	»Vom … bis zum … befand sich Frau … in Elternzeit.« »Zur Ableistung seines Wehrdienstes war das Arbeitsverhältnis vom … bis zum … unterbrochen.« »Für die Dauer ihres Studiums vom … bis zum … war sie freigestellt und ruhte das Arbeitsverhältnis.«
Umfirmierung/ Betriebs-übergang	»Aufgrund eines Betriebsübergangs zum … wurde das Dienstverhältnis auf die … GmbH übertragen.« »Im Zuge einer Neuordnung wurde die Gesellschaft zum … in die … GmbH eingebracht und das Arbeitsverhältnis mit gleicher Aufgabenstellung fortgeführt.« »Mit Wirkung vom … erfolgte eine Umfirmierung in …« »Im Jahr … wurde die X von der Y-Gruppe übernommen und das Arbeitsverhältnis in die Z überführt.«

d) Unternehmensdarstellung

Eine kurze Unternehmensdarstellung ist häufig sinnvoll, um den Aufgaben- und Verantwortungsbereich eines Mitarbeiters besser einschätzen zu können. Dies gilt insbesondere dann, wenn es sich um ein kleineres Unternehmen handelt und aus dem Firmennamen keinerlei Informationen über Branche oder Unternehmenszweck hervorgeht. Waren Sie beispielsweise als Betriebsleiter tätig, würde eine kurze Skizzierung der Art und Größe des Unternehmens (z.b. Mitarbeiterzahl, Umsatz- oder Bilanzsumme) sehr viel über Ihren Verantwortungsumfang aussagen. Bei einer vertrieblichen Tätigkeit wären dahingegen Angaben zu den Produkten, zur Marktposition (z.b. weltweiter Anbieter, Marktführer), zu den Absatzwegen sowie über Art der Kunden interessant. Dabei sollte aber immer im Auge behalten werden, dass bei einem Arbeitszeugnis der Mitarbeiter und nicht das Unternehmen im Mittelpunkt steht. Eine ausschweifende Unternehmensdarstellung mit geringem Bezug zur Tätigkeit des Mitarbeiters ist daher nicht angebracht. Ein bis zwei Sätze reichen in der Regel vollkommen. Auch sollte diese Darstellung nicht an den Anfang eines Zeugnisses gestellt werden, sondern erst im Anschluss an die Einleitung erfolgen. Anderenfalls wird dem Leser signalisiert: »Der Mitarbeiter war nicht so wichtig ...«

Unternehmensdarstellung oft sinnvoll

2.4 Positions- und Aufgabenbeschreibung

Ein Zeugnis soll nicht nur bewerten, sondern auch informieren. So wird den Leser neben der Frage, was für Fähigkeiten und Eigenschaften Sie als Bewerber haben, natürlich auch die Frage interessieren, wie viel bzw. was für eine Berufserfahrung Sie bei einer Einstellung mitbringen würden. Aus diesem Grund kommt einer ausführlichen und aussagekräftigen Positions- und Tätigkeitsbeschreibung ein sehr hoher Stellenwert zu. So sieht es auch der 3. Senat des Bundesarbeitsgerichts in seinem Urteil vom 12.8.1976 (Az.: 3 AZR 720/75), in dem es heißt: »Ein Zeugnis muß die Tätigkeiten, die ein Arbeitnehmer im

Informationsauftrag

Laufe des Arbeitsverhältnisses ausgeübt hat und die im Rahmen der weiteren beruflichen Entwicklung des Arbeitnehmers Bedeutung erlangen könnten, so vollständig und genau beschreiben, daß sich künftige Arbeitgeber ein klares Bild machen können. Dazu gehören auch permanente Stellvertreterfunktionen. Unerwähnt dürfen solche Tätigkeiten bleiben, denen bei einer Bewerbung des Arbeitnehmers keine Bedeutung zukommt.«

Umfang Der angemessene Umfang der Positions- und Tätigkeitsbeschreibung richtet sich unter anderem nach der Beschäftigungsdauer, Position sowie der Art der Tätigkeit. Ein ungefährer Richtwert ist ein Umfang von ca. 40 Prozent der Gesamtzeugnislänge. Je länger Sie beschäftigt waren, je öfter Sie intern die Position wechselten und je qualifizierter Ihre Tätigkeiten waren, desto ausführlicher muss dieser Part sein. Bei der Zeugniserstellung sollten Sie jedoch darauf achten, dass Sie sich auf die Nennung **Prägnant,** von Schwerpunkten und Kernaufgaben beschränken und **aber infor-** diese nicht in epischer Breite, sondern kurz und prägnant **mativ** beschreiben. Denn für den Leser muss das Wesentliche schnell erfassbar sein. Eine Darstellung in Form einer **Tabellarische** tabellarischen Aufzählung bietet sich daher an und findet **Aufzählung** sich heute in etwa 70 Prozent der Zeugnisse von Fach- und Führungskräften. Die Übersichtlichkeit ist hierfür sicherlich nur ein Grund. Ein anderer ist die Tatsache, dass es sehr viel mehr Zeit und verbales Geschick bedarf, eine Tätigkeit in einem ausformulierten, sprachlich ausgefeilten Fließtext zu beschreiben.

Nicht nur Eine straffe und übersichtliche Gliederung sollte wiederum **Schlagworte** nicht zu sehr pauschalen Aussagen und zu einer auf einzelne Schlagworte reduzierte Aufzählung führen. So kann beispielsweise der Aufzählungspunkt »administrative Aufgaben« Alles und Nichts umfassen und hat damit für den Leser einen äußerst eingeschränkten Informationswert. Auch bei allgemein bekannten Berufsbildern sollte die Tätigkeit konkret beschrieben werden, da sich hinter gleichen Begriffen häufig sehr unterschiedliche Aufgabenbereiche und Kompetenzen verbergen. Eine Angabe wie z.B.: »Sie war für die Erledigung aller in einem Sekretariat üblicherweise anfallenden Aufgaben zuständig« ist daher ungenügend.

Neben den Routineaufgaben können Sie darüber hinaus Sonderaufgaben sowie Projekte und Ausschüsse aufführen, sofern Sie an diesen in nennenswerter Weise mitgewirkt haben. Zudem sollten regelmäßige Vertretungsaufgaben erwähnt werden – insbesondere wenn ranghöhere Mitarbeiter vertreten wurden. Durch konkrete tätigkeitsrelevante Informationen, wie z.B. eingesetzte Software, Geräte und Techniken oder die Höhe von Kostenbudgets, Auftragsvolumen etc. können Sie ebenfalls den individuellen Informationswert steigern.

Sonderaufgaben, Projekte, Vertretungen

Oftmals wird vergessen, die hierarchische Position des Mitarbeiters klar darzustellen. Ergibt sich diese nicht eindeutig aus der Tätigkeitsbezeichnung, dann ist es manchmal schwierig, die Angaben zur Tätigkeit in einen richtigen Bezug zu setzen und den Verantwortungsumfang richtig einzuschätzen. Dies gilt insbesondere für die Frage, inwieweit der Mitarbeiter Personalverantwortung trug oder nicht.

Verantwortungsumfang

Beispiele

Im Zeugnis einer Bankangestellten heißt es »Sie ist für das Betriebscontrolling verantwortlich.« Da auch schon eine Tätigkeitsbezeichnung fehlt, kann der Leser nicht richtig einschätzen, ob sie diesen Bereich allein bearbeitete oder ob mit »verantwortlich« vielleicht auch die Führung eines Mitarbeiterteams gemeint ist.

In einem Zeugnis heißt es »Er wurde zunächst als kaufmännischer Sachbearbeiter eingesetzt ... Im April 2004 übernahm er die Fertigungsplanung ...« Auch hier wird sich der Leser fragen, ob der Mitarbeiter weiterhin als Sachbearbeiter tätig war oder ob er vielleicht zum Bereichsleiter aufgestiegen ist.

Ist Ihre Tätigkeitsbeschreibung inhaltlich äußerst mager und nichtssagend, erweckt dies den Eindruck, dass Sie nicht der Mühe einer detaillierten Darstellung wert waren (Knappheitstechnik). Ist die Tätigkeitsbeschreibung wiederum auffällig lang, könnte dies unter Umständen daran liegen, dass Leerstellen in der Leistungs- oder Verhaltensbeurteilung kaschiert werden sollen (Ausführlichkeitstechnik).

Aktiv formulieren Wie schon im Einleitungssatz sollten möglichst Aktiv-Formulierungen verwendet werden, da eine Häufung von Passiv-Formulierungen als Hinweis auf fehlende Eigeninitiative und Einsatzbereitschaft verstanden werden könnte (Passivierungstechnik). Auch eine Betonung von Pflichten und Zielen könnte negativ auffallen und vermuten lassen, dass Sie Ihren Pflichten nicht in ausreichendem Maße nachgekommen sind oder Ziele nicht realisiert werden konnten (Andeutungstechnik).

Passiv:	Aktiv:
»wurde bei uns beschäf-tigt«	»war bei uns tätig«
»wurde als ... eingestellt«	»arbeitete bei uns als ...«
»leistete ab« (bei Praktikanten)	»absolvierte bei uns«
»hatte zu bearbeiten«	»bearbeitete«
»Zu ihren Pflichten ge-hörte ...«	»Sie erledigte ...«
»In dieser Funktion sollte er ... sicherstellen.«	»In dieser Funktion stellte er ... sicher.«
»Zu den Aufgaben eines ... gehören ...«	»Zu seinen Aufgaben gehörten ...«
»Ihm oblag ...«	»Er übernahm ...«

Häufiger Fehler Ein häufig zu findender Fehler ist die Einfügung von Leistungsbeurteilungen in die Tätigkeitsbeschreibung, sofern der Mitarbeiter verschiedene Stellen besetzt hatte. Dies ist meist als Zwischenbeurteilung gemeint, könnte aber gleichsam auch als Einschränkung verstanden werden.

Denn wird z.B. für den ersten Beschäftigungsabschnitt Ausdauer, Belastbarkeit und Flexibilität gelobt und dies dann nicht noch einmal für den zweiten Beschäftigungsabschnitt wiederholt, könnte der Leser annehmen, dass diese Fähigkeiten bzw. Eigenschaften hier nicht zu loben waren.

Tipp

Um sicherzustellen, dass wertende Aussagen auf den gesamten Beschäftigungszeitraum bezogen werden, sollten diese erst in der Leistungsbeurteilung genannt und nicht in die Tätigkeitsbeschreibung integriert werden.

Beinhaltet die Aufgabenbeschreibung nur Nebensächlichkeiten oder Selbstverständliches, ist dies ebenfalls negativ zu bewerten (Ausweichtechnik). Auch die Kombination von sehr verantwortungsvollen mit sehr einfachen Aufgaben wirkt wenig glaubwürdig (Widerspruchstechnik).

Reihenfolge beachten

Zu berücksichtigen ist, dass die Reihenfolge der Nennungen eine Gewichtung darstellt. Die wichtigsten und charakteristischsten Aufgabenbereiche sollten daher an vorderer Stelle genannt werden, weniger wichtige oder einmalige Aufgaben weiter hinten. Anderenfalls könnte der Eindruck entstehen, dass Sie Kernaufgaben vernachlässigt und Prioritäten falsch gesetzt haben (Reihenfolgetechnik). Auch innerhalb einzelner Aufgabenschwerpunkte ist die Reihenfolge wichtig.

Beispiel

Heißt es: »Er war für den Einkauf von Büromaterial, Werkzeugen und Investitionsgütern zuständig« wird der Zuständigkeitsbereich durch die Nennung des Büromaterials an erster Stelle abgewertet. Ganz anders klingt die Formulierung »Er war für den Einkauf von Investitionsgütern und Werkzeug zuständig. Darüber hinaus kümmerte er sich auch um den Einkauf des Büromaterials.«

Textbausteine

Einleitung zur Tätigkeitsbeschreibung

Anmerkung: Aufgrund der unendlichen Vielzahl von Tätigkeiten ist die Angabe von vollständigen Textbausteinen nur eingeschränkt möglich. Nachfolgend erhalten Sie einige Formulierungsbeispiele dafür, wie ein Übergang von der Einleitung zur Positions- und Tätigkeitsbeschreibung geschaffen werden könnte.

»Ihr vielseitiger Wirkungs- und Verantwortungsbereich beinhaltete folgende Tätigkeitsschwerpunkte: ...«

»Er war mit ... betraut. Zu seinem Verantwortungsbereich zählten insbesondere ...«

»Ihr komplexer und weitgefächerter Tätigkeitsbereich umfasste die selbstständige Erledigung folgender Aufgaben: ...«

»Er betreute ein sehr komplexes Aufgabengebiet und führte im Wesentlichen .... eigenverantwortlich durch. Darüber hinaus bearbeitete er ... und war an ... federführend beteiligt.«

»Ihr Verantwortungsbereich gestaltete sich wie folgt: ...«

»In dieser mit großem Gestaltungsspielraum und Eigenverantwortung ausgestatteten Führungsposition übernahm er folgende Kernaufgaben: ...«

»In dieser Funktion übte/führte sie folgende Tätigkeiten aus: ...«

»Er legte die Schwerpunkte seiner Tätigkeit auf folgende Aufgaben: ...«

»Sie besorgte sämtliche Sekretariatsaufgaben mit folgenden Schwerpunkten: ...«

»Sein Aufgabenspektrum umfasste ...«

»Ihre Zuständigkeit erstreckte sich in erster Linie auf folgende Tätigkeiten: ...«

»Zum ... erweiterte sich ihr Verantwortungsbereich um die Zuständigkeit für ...«

a) Tätigkeitsbeschreibung bei Ausbildungszeugnissen

Auch bei Auszubildenden ist eine konkrete Tätigkeitsbeschreibung erforderlich. Ein bloßer Verweis auf das Berufsbild oder die Ausbildungsverordnung ist nicht ausreichend, da bei branchenfremden Lesern derartige Vorkenntnisse nicht unbedingt vorausgesetzt werden können und ein Branchenwechsel damit gegebenenfalls erschwert würde.

Verweis auf das Berufsbild genügt nicht

Es sollte angegeben werden, welche Abteilungen durchlaufen und welche Ausbildungsinhalte dort jeweils vermittelt wurden bzw. welche Fertigkeiten und Kenntnisse der Auszubildende erworben hat. Ergänzend sollte hinzugefügt werden, welche Aufgaben dem Auszubildenden übertragen wurden und inwieweit er in der Lage war, die Aufgaben selbstständig zu erledigen.

Textbausteine

> ### Einleitung zur Tätigkeitsbeschreibung (Ausbildungszeugnis)
>
> »Herr ... durchlief während seiner Ausbildung alle Bereiche unseres Betriebes. Zeitliche Schwerpunkte lagen in den Abteilungen ... Er erwarb Fertigkeiten und Kenntnisse in ... und unterstützte die Kollegen bei ... Darüber hinaus erledigte er selbstständig folgende Aufgaben: ... (Aufzählung)«
>
> »Zu Beginn ihrer Ausbildung wurde Frau ... in der Abteilung ... eingesetzt. Dort lernte sie ... kennen. Im Bereich ... konnte sie anschließend ihre Kenntnisse vertiefen und erledigte ... In der Abteilung ... wurde sie anschließend mit ... betraut. Gegen Ende der Ausbildung setzten wir sie in der Abteilung ... ein, wo sie Erfahrungen in ... sammelte.«
>
> »Frau ... wurde entsprechend dem Berufsbild und der Ausbildungsverordnung ausgebildet. Im Verlauf ihrer Ausbildung durchlief sie die Abteilungen ..., ... und ... Dort erhielt sie fundierte Kenntnisse in den nachfolgend genannten Bereichen: ...«

»Herr … wurde nach einem festen Ausbildungsplan
im regelmäßigen Wechsel in den verschiedenen Abteilungen unseres Hauses eingesetzt. Dabei erwarb er
alle Fähigkeiten und Kenntnisse eines … und konnte
mit zunehmender Eigenverantwortlichkeit folgende
Aufgaben übernehmen: …«

b) Karriereverlauf

Aktuelle Tätigkeit bildet den Schwerpunkt

Die Tätigkeitsbeschreibung muss sich über den gesamten
Beschäftigungszeitraum erstrecken und einen chronolo-
gischen, nachvollziehbaren Überblick über Ihren innerbe-
trieblichen Werdegang bieten. Dabei liegt der Schwerpunkt
auf der aktuellen Tätigkeit; frühere Aufgabenbereiche sind
weniger ausführlich darzustellen.

Karriereknick

Da Versetzungen manchmal nicht einen Karrieresprung
darstellen oder diesen nicht auf den ersten Blick erkennen
lassen, kann es unter Umständen zu einer Fehlinterpretation kommen. Der Leser könnte in einem solchen Fall
vermuten, dass Sie mit der Aufgabenstellung überfordert
waren oder es Probleme in der Zusammenarbeit mit Kollegen oder Vorgesetzten gab. Durch eine Begründung für
einen Stellenwechsel auf gleicher Ebene oder gar für einen Karriererückschritt (z.B. Erweiterung der fachlichen
Kenntnisse/Berufserfahrungen, Umstrukturierungs- oder
Rationalisierungsmaßnahmen) könnten negative Spekulationen vermieden werden.

c) Kompetenzen und Vollmachten

Verantwortungsumfang

Neben der reinen Beschreibung Ihrer Aufgaben ist auch
die Darstellung Ihrer hierarchischen Position und Ihres
Verantwortungsumfanges sehr wichtig – insbesondere dann, wenn es sich um eine Leitungsposition handelt.
Daher muss angegeben werden (LAG Hamm, Urteil vom
17.6.1999, Az.: 4 Sa 309/98), wem Sie unterstellt waren
bzw. an wen Sie berichteten, welche Vollmachten Ihnen
erteilt wurden, wann diese erteilt wurden und ob diese
vom Verantwortungsbereich her beschränkt waren (z.B.

Gesamtprokura, Filialprokura). Selbstverständlich ist auch zu erwähnen, wenn eine Vollmacht während des Beschäftigungsverhältnisses widerrufen wird. Neben den Vollmachten geben auch erteilte Kompetenzen (z.B. Kreditkompetenzen) Aufschluss über Ihre Stellung im Unternehmen. Diese Angabe sollte möglichst konkret erfolgen.

Beispiel

»Frau ... war in ihrer Position für ein Budget in Höhe von ... Euro verantwortlich.« Oder »Seine Kreditkompetenz betrug ... Euro.«

Kompetenzen und Vollmachten   **Textbausteine**

»In dieser Position zeichnet Herr ... mit Prokura.«

»Mit Wirkung vom ... wurde ihr Prokura/Einzelprokura/Gesamtprokura/Handlungsvollmacht erteilt.«

»In Anerkennung seiner Leistungen erteilten wir ihm am ... Prokura.«

»Sie berichtete direkt an die Geschäftsleitung und nahm regelmäßig an den Sitzungen der erweiterten Geschäftsleitung teil. Ihre Kostenstellenverantwortung umfasste ein Budget in Höhe von ... Euro jährlich.«

»Er verantwortete ein Budget/Investitionsvolumen in Höhe von ... Euro.«

d) Mitarbeiterführung

Wenn Sie in einer Vorgesetztenposition tätig waren, sollten Sie angeben, wie viele und ggf. auch was für Mitarbeiter Ihnen unterstellt waren. Anderenfalls ist eine Einschätzung seiner Personal- und Führungsverantwortung für den Leser nur eingeschränkt möglich. Diese Angaben können bereits in der Positions- und Tätigkeitsbeschreibung erfolgen oder aber in der Leistungsbeurteilung bei der Bewertung der Mitarbeiterführung.

Anzahl der Mitarbeiter

Textbausteine

Mitarbeiterführung
»Das von Frau ... geleitete Team bestand aus sieben Sachbearbeitern und 20 gewerblichen Mitarbeitern.«
»Er führte fachlich und disziplinarisch zwölf Mitarbeiter und war zur selbstständigen Einstellung und Entlassung berechtigt.«
»Frau ... trug Personal- und Führungsverantwortung für insgesamt vier Mitarbeiter.«
»Ihm waren zwei Mitarbeiter fachlich und disziplinarisch unterstellt. «
»Herr ... hat die Bereiche Finanz- und Rechnungswesen sowie Controlling mit insgesamt 55 Mitarbeitern, davon drei mit direkter Unterstellung, verantwortet.«
»Sie wurde durch ein x-köpfiges Team unterstützt.«
»Als Projektleiter war Herr ... über seine fachlichen Aufgaben hinaus verantwortlich für die Führung von internationalen Projektteams mit bis zu 50 Mitarbeitern.«

2.5 Leistungsbeurteilung

Es steht dem Arbeitgeber nicht vollständig frei, zu welchen Merkmalen er Stellung nehmen möchte, da die Auslassung einzelner Themenbereiche eine unvollständige Leistungsbeurteilung darstellen würde und als »beredtes Schweigen« ausgelegt werden könnte.

Berufliche Verwendbarkeit

Unter dem Begriff der Leistung versteht das Landesarbeitsgericht Hamm die berufliche Verwendbarkeit eines Arbeitnehmers. Diese umfasst Merkmale der Arbeitsbereitschaft, der Arbeitsbefähigung, der Arbeitsweise, des Arbeitsvermögens und des Arbeitsergebnisses, bei Arbeitnehmern in vorgesetzter Funktion auch die so genannte Führungsleistung (LAG Hamm, Urteil vom 22.5.2002, Az.: 3 Sa 231/02). Üblicherweise umfasst die Leistungsbeurteilung darüber hinaus eine zusammenfassende Bewertung in Form der so genannten Zufriedenheitsformel. Bei

Auszubildenden ist neben der praktischen Arbeitsleistung auch die Lernleistung zu beurteilen.

In welcher Reihenfolge diese Bereiche angesprochen werden, ist unerheblich. Wichtig ist nur, dass alle Bereiche angemessen ausführlich behandelt werden.

Reihenfolge

a) Fachliche Qualifikation

Einen künftigen Arbeitgeber wird interessieren, über welche eine fachliche Qualifikation Sie verfügen, ob Sie ein Spezialist oder Generalist sind, mit welchem Nutzen Sie Ihr Fachwissen für das Unternehmen eingesetzt haben und inwieweit Sie bereit sind, Ihre Fachkenntnisse zu erweitern bzw. auf dem aktuellsten Stand zu halten. Daher sollte in einem Zeugnis etwas über Ihren Qualifikationsgrad, die Praxiswirksamkeit und Ihre Lernbereitschaft bzw. Weiterbildungsanstrengungen ausgesagt werden. Es kann auch herausgestellt werden, wenn Sie über eine langjährige und große Berufserfahrung, über besondere Produkt- bzw. Branchenkenntnisse oder andere spezielle Kenntnisse (z.B. besondere Sprach- oder EDV-Kenntnisse) verfügen.

Qualifikationsgrad

Spezielle Kenntnisse

Doch Vorsicht! Auch hier ist nicht alles Gold, was glänzt. Wichtig ist, dass die tatsächlichen Qualifikationen beschrieben werden und nicht nur die Anforderungen an die ausgeübte Tätigkeit. Eine Formulierung wie beispielsweise »Diese Aufgabe erforderte gute Kenntnisse in ...« ist negativ zu bewerten und wird sicherlich dahingehend interpretiert, dass eben diese Kenntnisse nicht vorhanden waren. »Seine umfangreiche Bildung machte ihn zu einem gesuchten Gesprächspartner« ist ebenfalls kein Lob, sondern deutet auf ständige Privatgespräche während der Dienstzeit hin. Auch die Formulierung »Sie nutzte jede sich bietende Gelegenheit, Weiterbildungsveranstaltungen zu besuchen« wird sicherlich im Sinne von »Hauptsache nicht arbeiten müssen« verstanden werden.

Anmerkung: Bei den folgenden Textbausteinen werden hier und auch im Folgenden aus Platzgründen in der Regel nur Beispiele für die Noten 1, 4 und 5/6 angegeben. Die

Noten 2 und 3 lassen sich aber leicht durch Weglassung oder Abschwächung von Steigerungsformen und/oder Zeitfaktoren aus der Note 1 ableiten.

Textbausteine

	Fachwissen/Weiterbildung
Note 1:	»Er beherrschte seinen Arbeitsbereich sicher und vollkommen. Durch eine stetige Weiterbildung hielt er seine Kenntnisse eigeninitiativ auf dem neuesten Stand.« »Sie besitzt ein sehr umfassendes, detailliertes und aktuelles Fachwissen. Durch die Teilnahme an Seminaren entwickelte sie sich fachlich laufend weiter.« »Dabei stützte er sich auf seine sehr guten Fachkenntnisse, die er überzeugend in die Praxis umsetzte und welche er durch die gezielte Teilnahme an internen Schulungen und externen Fachveranstaltungen kontinuierlich vertiefte.« »Aufgrund ihrer sehr großen und beachtlichen Berufserfahrung konnte sie oft auch schwierige Aufgaben übernehmen und erfolgreich lösen. Besonders hervorzuheben ist ihre Bereitschaft, Neues hinzuzulernen und die vorhandenen Kenntnisse beständig zu vertiefen. Ihr Fachwissen entsprach daher immer dem neuesten Stand der Technik.« »Sein profundes Vertriebs- und Marketingwissen und seine umfangreichen Marktkenntnisse verliehen ihm ein hohes Maß an Kompetenz und ein sicheres Gespür für künftige Entwicklungen.« »Sie setzte mit ausgezeichnetem Fachwissen und hervorragenden Managementqualifikationen strategische Unternehmensziele professionell um.«

Note 1:	»Er zeigte stets eine ausgezeichnete Lernmotivation und hat sich aus eigenem Antrieb und mit hohem zeitlichen Einsatz nebenberuflich (zum ...) weitergebildet.« »Sie verfügt über ein hervorragendes, auch in Randbereichen sehr tiefgehendes Fachwissen, das sie stets sicher in der Praxis einsetzt und mit äußerst fundierten EDV-Kenntnissen ideal kombiniert.« »Er zeichnet sich durch eine exzellente Fachkompetenz aus, welche er durch intensive Weiterbildung eigenständig vervollkommnete. Die dabei gewonnenen Kenntnisse ließ er sehr gewinnbringend in seine tägliche Arbeit einfließen/setzte er erfolgreich in die Praxis um.« »Die häufig notwendige Korrespondenz und Kommunikation in Englisch meisterte er aufgrund seiner hervorragenden Sprachkenntnisse immer ausgezeichnet.« »Dank ihrer sehr guten Englischkenntnisse sowie ihrer interkulturellen Kompetenz bewegt sie sich sicher und souverän im internationalen Umfeld unseres Unternehmens. »PC-Programme wie ... wurden von ihm sehr effizient und routiniert eingesetzt.«
Note 4:	»Sie beherrschte ihren Arbeitsbereich entsprechend der Anforderungen und hat sich in verschiedenen Seminaren erfolgreich fachliche Grundkenntnisse angeeignet.« »Er verfügt über das notwendige Fachwissen/gute Grundkenntnisse.« »Sie wurde den fachlichen Anforderungen gerecht.« »Er konnte die in der Branche üblichen EDV-Programme einsetzen.«

Note 5/6:	»Sie beherrschte ihren Arbeitsbereich im Allgemeinen entsprechend der Anforderungen.«
	»Sein Aufgabenbereich erforderte Kenntnisse in ...« (ohne nachfolgende Bestätigung, dass diese Kenntnisse vorhanden waren)
	»Sie hatte die Gelegenheit, sich in verschiedenen Seminaren fachliche Grundkenntnisse anzueignen.«
	»Er war stets bestrebt, durch Weiterbildung mit der rasanten technischen Entwicklung Schritt zu halten.«

b) Fähigkeiten

Passend zur Tätigkeit Zu einer guten Aufgabenerfüllung bedarf es nicht nur einer fachlichen Qualifikation. Vielmehr spielt dabei auch die geistige, körperliche und psychische Arbeitsbefähigung eine wichtige Rolle. Die genannten Fähigkeiten sollten jedoch einen Bezug zur beschriebenen Tätigkeit haben, da der Leser durch die Erwähnung von irrelevanten Attributen eher irritiert sein könnte (Ausweichtechnik). Wird beispielsweise bei einem Buchhalter Kreativität besonders herausgestellt, wird man dies sicherlich mit höchster Verwunderung und Skepsis zur Kenntnis nehmen. Denn eine phantasievolle Buchhaltung ist wahrscheinlich so ziemlich das Letzte, was ein Arbeitgeber sich wünschen würde. Zudem sollten wichtige Fähigkeiten, die der Leser erwarten würde, nicht fehlen, da diese Leerstellen sonst als »beredtes Schweigen« ausgelegt werden könnten (Leerstellentechnik).

Stellenanzeigen Nachfolgende Liste bietet einen Überblick über die am häufigsten in Zeugnissen genannten Fähigkeiten. Sie soll als Inspirationshilfe verstanden werden und kann selbstverständlich beliebig erweitert werden. Bei der Frage, welche Fähigkeiten Sie in Ihrem Zeugnis nennen sollten, ist übrigens manchmal auch ein Blick in den Stellenmarkt der Tageszeitungen hilfreich.

Fähigkeiten	
Akquisitionsstärke	Koordinationsgeschick
Auffassungsgabe	Kostenbewusstsein
Ausdauer	Kreativität
Ausdrucksvermögen	Manuelles Geschick
Beharrlichkeit	Marktorientiertes Denken
Belastbarkeit	Organisationstalent
Denken, vernetztes	Pädagogisches Geschick
Denkvermögen, analy-	Planungsgeschick
tisches	Prioritäten erkennend
Denkvermögen, inter-	Rhetorisches Geschick
disziplinäres	Sinn für das Machbare
Denkvermögen, strate-	Talent im Umgang mit
gisches/konzeptionelles	Menschen
Denkvermögen, logisches	Übersicht
Didaktisches Geschick	Überzeugungsvermögen
Durchsetzungsvermögen	Unternehmerisches
Einfühlungsvermögen	Denken/Handeln
Entscheidungsfreude/	Urteilsvermögen
-fähigkeit	Verantwortungsbewusst-
Fingerspitzengefühl	sein
Flexibilität	Verhandlungsgeschick
Geistige Beweglichkeit	Verkaufstalent
Ideenreichtum	Vielseitigkeit
Innovationsvermögen	Weitblick/Weitsicht
Kommunikationsstärke	Zahlenverständnis
Kontaktstärke/-vermögen	

Häufig heißt es im Zeugnis: »Er besitzt die Fähigkeit …« **»War in der** oder »war er in der Lage …«. Diese Formulierungen sind **Lage …«** insofern unglücklich, da sie schwammig sind und offen lassen, ob der Mitarbeiter die betreffende Fähigkeit auch gezeigt hat. Denn wenn jemand in Lage ist, einen Mord zu begehen, heißt dies ja auch noch lange nicht, dass er es auch getan hat oder tun wird.

Sprechen Sie also von »Fähigkeiten« oder »in der Lage sein«, sollte auch das Resultat herausgestellt werden. »Er besitzt die Fähigkeit, überzeugend zu argumentieren und erzielte so stets ausgezeichnete Verhandlungsergebnisse.«

Textbausteine

Fähigkeiten	
Note 1:	»Sie profilierte sich als äußerst fähige Mitarbeiterin, die strategisches und konzeptionelles Denken mit praxisnahen Lösungen verband.«
»Ein sehr gutes Organisationstalent und Durchsetzungsvermögen gehörten ebenso zu ihrem Qualifikationsprofil wie ein sehr hohes Maß an Belastbarkeit und Ausdauer.«
»Dank seiner ausgezeichneten Auffassungsgabe erfasst er sehr schnell den Kern einer Sache, schätzt sie realistisch ein und kommt zu einem sicheren, abgewogenen Urteil.«
»Sie kann treffend formulieren und sehr überzeugend argumentieren.«
»Er kommuniziert stets klar und wirkungsvoll sowohl im mündlichen Vortrag als auch in der schriftlichen Dokumentation.«
»Er beeindruckte durch sehr gute konzeptionelle Fähigkeiten und ein ausgeprägtes analytisches Denkvermögen.«
»Sie zeigte ein bemerkenswertes Organisationstalent, das von einem hohen Maß an Kostenbewusstsein begleitet wurde.«
»Mit Umsicht und sicherem Blick für das Wesentliche koordinierte er Aufgaben ebenso rationell wie effizient.«
»Ihre interdisziplinäre Projektarbeit zeichnete sich durch Flexibilität, Kooperationsvermögen und Kommunikationsgeschick aus.«

Note 1:

»Er hat ein verlässliches Gefühl für unternehmerische Entwicklungen und wirtschaftliche Zusammenhänge.«

»Auch in hektischen Zeiten behielt sie immer die Übersicht und bewies eine gute Arbeitseinteilung.«

»Er war ein konsequenter und systematischer Problemlöser, der es auch unter schwierigen Rahmenbedingungen verstand, seinen Bereich zielorientiert und erfolgreich zu führen.«

»Sie zeigte sich auch unter großem Zeit- und Arbeitsdruck stets sehr ausdauernd und belastbar. Des Weiteren verfügt sie über ein solides Urteilsvermögen und traf in jeder Hinsicht sehr verlässliche Entscheidungen.«

»Durch Flexibilität und Ideenreichtum setzte er viele neue Impulse, die maßgeblich zum Unternehmenserfolg beitrugen und sein unternehmerisches Format unterstreichen.«

»Sie brachte die Dinge auf den Punkt und fand auch in schwierigen Situationen stets optimale Lösungen.«

»Aufgrund ihrer Lernbereitschaft und Intelligenz fiel es ihr leicht, wesentliche Zusammenhänge zu erkennen und sich auch in sehr anspruchsvolle Aufgabengebiete einzuarbeiten.« (Ausbildungszeugnis)

»Hervorzuheben ist ihr lösungsorientiertes, bereichsübergreifendes Denken.«

»Durch gute Ideen trug er dazu bei, bestehende Konzepte/Arbeitsprozesse weiterzuentwickeln und zu optimieren. Dabei bewies er geistige Beweglichkeit und Sinn für das Machbare.«

Note 4:	»Seine Arbeitsbefähigung war zufrieden-stellend.« »Sie verfügte über die erforderlichen Fähigkeiten.« »Er trug Ideen vor.«
Note 5/6:	»Er hat sich flexibel und vielseitig gegeben.« »Ihre Arbeitsbefähigung war insgesamt zufriedenstellend.« »Er passte sich neuen Situationen meist ohne Schwierigkeiten an.«

c) Arbeitsweise

Bezug zur Tätigkeit Neben Angaben zur Arbeitsbefähigung sollte Ihr Zeugnis Aufschluss über Ihre Arbeitsweise geben. Auch hier kommt es aber darauf an, was und in welchem Kontext gelobt wird. So zeichnet einen Controller eine präzise Arbeitsweise besser aus als eine serviceorientierte.

 Ofmals wird der Satz »Sie arbeitete stets mit äußerster Sorgfalt und größter Genauigkeit« als Textbaustein der Note 1 aufgeführt. Doch Vorsicht! Man könnte aufgrund der Dopplung des Superlativs eine gewisse Ironie vermuten und deswegen von einer pedantischen oder langsamen Arbeitsweise ausgehen, wenn nicht gleichzeitig eine zügige und rationelle Arbeitsweise gelobt wird.

 Vorsicht ist ebenfalls geboten, wenn von Ziel- oder Ergebnisorientierung die Rede ist. Ohne eine entsprechende Bestätigung des Arbeitserfolges könnte dies im Sinne von »er war bemüht, aber es kam nicht viel dabei heraus« verstanden werden.

Arbeitsweise	
effizient	selbstständig
eigenständig	serviceorientiert
eigenverantwortlich	sicher
ergebnisorientiert	sorgfältig
genau	souverän
gewissenhaft	strukturiert
gründlich	systematisch
konzentriert	termintreu/termingerecht
methodisch	umsichtig
organisiert	verantwortungsbewusst
planvoll	versiert
präzise	zielstrebig
rationell	zügig
routiniert	zuverlässig

Textbausteine

Arbeitsweise	
Note 1:	»Er ist entschlossen im Handeln und stets äußerst gründlich, zuverlässig und termintreu in der Durchführung seiner Aufgaben.«
	»Ihr sehr guter und effizienter Arbeitsstil zeichnete sich durch ein hohes Maß an Selbstständigkeit sowie eine zielstrebige und kundenorientierte Vorgehensweise aus.«
	»Er war ein absolut zuverlässiger und gewissenhafter Mitarbeiter, der seine Aufgaben sehr routiniert erledigte, Wirtschaftlichkeit und Effizienz dabei immer im Auge behaltend.«
	»Sie arbeitete außerordentlich konzentriert und ging planvoll an ihre Aufgaben heran.«

Note 1:	»Seine sehr rationelle Arbeitsweise war geprägt durch ein sehr hohes Maß an Verantwortungsbewusstsein und Service-orientierung.«
	»Sie agierte auch in sehr komplexen Projektverhältnissen immer sicher und zielstrebig.«
	»Auch in Situationen mit extrem hohem Arbeitsanfall handelte er stets besonnen und souverän.«
	»Wir kennen und schätzen sie als eine sehr umsichtige und selbstständige Mitarbeiterin.«
	»Er erledigte seine Aufgaben sehr zügig, gleichsam aber auch äußerst sorgfältig.«
Note 4:	»Er arbeite sorgfältig.«
	»Sie bearbeitete alle Vorgänge korrekt und zufriedenstellend.«
Note 5/6:	»Er bearbeitete seine Aufgaben mit der ihm eigenen Sorgfalt.«
	»Sie arbeitete nach Vorgaben/unter Anleitung selbstständig.«

d) Arbeitsbereitschaft

Auch auf das Wollen kommt es an

Neben dem Können kommt es auch auf das Wollen an. Daher ist die Arbeitsbereitschaft ebenfalls ein wichtiger Leistungsaspekt. Begriffe wie Fleiß und Eifer oder Pflichtbewusstsein finden sich dabei meist in Zeugnissen von Arbeitern und gewerblichen Arbeitnehmern. Bei Fach- und Führungskräften wird eher von Engagement, Identifikation oder Einsatzbereitschaft gesprochen.

Auch hinsichtlich der Arbeitsbereitschaft lässt sich durch die Anwendung der verschiedenen Techniken Kritik zum Ausdruck bringen, wie die nachfolgenden Beispiele verdeutlichen:

● Die Aussage »Er setzte sich für die Interessen des Unternehmens ein« klingt unverfänglich, ist aber kein besonderes Lob, da es sich um eine Selbstverständlichkeit handelt (Ausweichtechnik). Der Leser wird sich fragen »Für wessen Interessen denn sonst?«.

● Hat sich eine Führungskraft nur mit seiner Aufgabe und nicht auch mit dem Unternehmen identifiziert, könnte dies ebenfalls negativ bewertet werden (Leerstellentechnik).

Bei manchen Eigenschaften ist Vorsicht geboten, da deren Erwähnung sowohl positiv wie auch negativ ausgelegt werden könnte. Dies trifft z.B. auf Ehrgeiz zu. Möchten Sie auf die Erwähnung von Ehrgeiz im Zeugnis dennoch nicht verzichten, sollten Sie zumindest von einem »im positiven Sinne ehrgeizigen Mitarbeiter« sprechen.

Ehrgeiz

Arbeitsbereitschaft	
Arbeitsmoral	Fleiß
Arbeitsauffassung	Identifikation
Arbeitshaltung	Initiative
Dynamik	Interesse
Eifer	Leistungsbereitschaft-
Eigeninitiative	Mehrarbeit/Überstunden
Einsatz/-bereitschaft	Motivation
Einsatzwille, -freude	Pflichtbewusstsein
Elan	Verantwortungsbereit-
Engagement	schaft

Textbausteine

Arbeitsbereitschaft	
Note 1:	»Sie zeigte eine ausgezeichnete Leistungsbereitschaft und identifizierte sich stets in vorbildlicher Weise mit ihrer Aufgabe und dem Unternehmen.«

Note 1:	»Er war ein hoch motivierter, leistungsstarker Mitarbeiter, der die selbstgesteckten und vereinbarten Ziele sehr beharrlich verfolgte und realisierte.« »Sie arbeitete mit unermüdlichem Einsatz und unverkennbarer Freude an ihrer Tätigkeit.« »Besonders hervorzuheben ist sein großer persönlicher Einsatz auch weit über die normale Arbeitszeit hinaus. So war er immer bereit, selbst kurzfristig anfallende Überstunden oder Wochenenddienste zu leisten.« »Sie bewies immer wieder Eigeninitiative und setzte sich mit außerordentlichem Engagement für unser Unternehmen ein.« »Er absolvierte ein beeindruckendes und sehr beachtliches Arbeitspensum.« »Sie war stets eine sehr interessierte, lernbereite und einsatzfreudige Auszubildende.« (Ausbildungszeugnis)
Note 4:	»Sie hat durch ihre Arbeitsbereitschaft zum gemeinsamen Erfolg beigetragen.«
Note 5/6:	»Besonders hervorzuheben ist seine bemerkenswerte Arbeitsmoral, die kaum etwas zu wünschen übrig ließ.« »Sie hat die Arbeitszeit korrekt ausgenutzt.«

e) Arbeitserfolg

Was zählt ist der Erfolg Eines der wichtigsten Leistungskriterien ist der persönliche Arbeitserfolg. Schließlich kommt es nicht nur darauf an, welches Potential in dem Mitarbeiter steckt, sondern auch darauf, was er daraus gemacht hat. Häufig wird aber gerade dieser Punkt in Zeugnissen vernachlässigt. Viele Zeugnisaussteller glauben, eine gute Gesamtbewertung bzw. Zufriedenheitsformel genüge, um hieraus einen guten Arbeitserfolg ableiten zu können. Wird jedoch zu Qualität und Quantität, zu Produktivität, Zielerreichung, Verkaufserfolgen o.Ä. geschwiegen, könnte dies die Glaubwürdigkeit einer guten Zufriedenheitsformel mindern und die Leistungsbeurteilung insgesamt abwerten. Je präziser dahingegen der Erfolg beschrieben wird, desto glaubhafter und informativer wirkt die Leistungsbeurteilung insgesamt.

Qualität und Quantität

Sie können Ihren Arbeitserfolg in allgemeiner Weise beschreiben (z.B. »erzielte immer sehr gute Arbeitsergebnisse« oder »realisierte stets optimale Lösungen«), wobei auch hier die Abstufungen auf der Positivskala zu berücksichtigen sind. So entspricht ein bloßes »erfolgreich« oder »gut« noch lange nicht der Note 2.

Allgemeiner Arbeitserfolg

Textbausteine

Arbeitserfolg allgemein	
Arbeits-qualität/ -quantität (Note 1)	»Ihre Arbeitsqualität war über den gesamten Beschäftigungszeitraum hinweg weit überdurchschnittlich.«
	»Mit seinen hervorragenden Leistungen überzeugte er sowohl in qualitativer als auch quantitativer Hinsicht.«
	»Er lieferte immer zuverlässige Ergebnisse von sehr hohem Standard.«
	»Aufgrund seines exzellenten Fachwissens und Kostenmanagements zeichneten sich seine Ergebnisse gleichermaßen durch Qualität und Wirtschaftlichkeit aus.«
	»Die Qualität ihrer Arbeit liegt stets weit über dem durchschnittlichen Standard der Gruppe. Dabei absolviert sie – insbesondere in Zeiten urlaubs- oder krankheitsbedingter Arbeitsspitzen – ein beeindruckendes/ enormes Arbeitspensum.«

	»Durch seine qualitativ stets sehr guten Arbeitsergebnisse und die Einbringung eigener Ideen trug er maßgeblich zum Erfolg des gesamten Teams bei.«
Arbeits-ergebnis/ Erfolg/ Zielerrei-chung (Note 1)	»Er beeindruckte durch konstant sehr gute Arbeitserfolge.« »Sie meisterte selbst schwierigste Aufgaben sehr erfolgreich und fachlich souverän.« »Auch unter schwierigen technischen und zeitlichen Bedingungen fand und realisierte er stets optimale Lösungen.« »Sie bewältigte ihren Aufgaben- und Verantwortungsbereich mit außerordentlich überzeugender Leistung.« »Er hat seine Leitungsfunktion immer in bester Weise erfüllt.« »Sie erzielte stets beeindruckende Resultate.«
Verkaufs-erfolg/ Umsatz (Note 1)	»Sie erzielte immer sehr beachtliche Umsatzerfolge.« »Er überzeugte durch Verhandlungsgeschick und Verkaufstalent, was zu herausragenden Vertriebsergebnissen führte.«
Beitrag zum Unter-nehmens-erfolg (Note 1)	»Sie hat die Aufgabe hervorragend gemeistert und einen wichtigen Beitrag zum Unternehmenserfolg geleistet.« »Mit strategischem Denkvermögen und Innovationsbereitschaft bewies er unternehmerisches Format und verstand es, seinem Arbeitsgebiet neue Impulse zu geben und neue Wege zu gehen. Er hat auf diese Weise maßgeblich zum Unternehmenserfolg beigetragen.«

Note 4	»Ihre Arbeitsqualität entsprach unseren Erwartungen/Anforderungen.« »Er erzielte zufriedenstellende Arbeitsergebnisse.«
Note 5	»Ihre Arbeitsqualität hat uns immer wieder in Erstaunen versetzt.« »Er erzielte im Allgemeinen zufriedenstellende Arbeitsergebnisse.« »Sie war bemüht, die ihr übertragenen Aufgaben zu erfüllen.«

Zusätzlich zum beschriebenen allgemeinen Arbeitserfolg können Sie auch einzelne, konkrete Arbeitserfolge benennen, wodurch das Zeugnis sehr an Individualität und damit gleichzeitig auch an Glaubwürdigkeit gewinnt. Wird beispielsweise der Prozentsatz genannt, um den der Umsatz oder die Produktivität gesteigert wurde, so ist eine vorangegangene pauschale Aussage zum Erfolg nicht so einfach »vom Tisch zu wischen«.

Tipp

Konkreter Arbeitserfolg

Auch sind es gerade die individuellen, konkreten Angaben, die beim Leser haften bleiben und das Zeugnis aus der Masse abheben.

Mehr Individualität

Beispiel

»Als ‚Mann der ersten Stunde' gelang es ihm, unsere Produkte sehr gut am Markt zu etablieren und jährlich zweistellige Umsatzsteigerungen zu erzielen. Dies gilt insbesondere für den Artikel XYZ, mit dem wir inzwischen marktführend sind.«

Doch auch hier heißt es: Vorsicht! Wird nur ein einzelner konkreter Arbeitserfolg beschrieben und nicht auch der Arbeitserfolg insgesamt gelobt, könnte womöglich der Eindruck entstehen, dass der beschriebene Erfolg die Ausnahme von der Regel war. Nach dem Motto: »Ein blindes Huhn findet auch mal ein Korn.«

Darüber hinaus kommt es darauf an, ob der beschriebene Erfolg auch einen Bezug zur Tätigkeitsbeschreibung hat. Waren Sie beispielsweise im Vertrieb tätig und wird Ihnen ausschließlich ein sehr guter Beitrag bei der Jahr-2000-Umstellung bescheinigt, ist davon auszugehen, dass Ihre Vertriebserfolge nicht nennenswert waren. Gehörte dahingegen die Pflege und Erweiterung des Kundenstammes zu Ihren Hauptaufgaben, so wird der Leser sicherlich wissen wollen, wie weit es Ihnen auch tatsächlich gelungen ist, Aufträge zu akquirieren oder Neukunden zu gewinnen. Zählte dahingegen die Optimierung von Arbeitsabläufen oder die Verhandlung von Einkaufskonditionen zu Ihrem Aufgabenbereich, könnte der Arbeitserfolg durch die Angabe der dadurch erzielten Kostenreduzierung beschrieben werden.

Beitrag zum Unternehmenserfolg Waren Sie als Führungskraft tätig, sollte klar herausgestellt werden, ob bzw. inwieweit Sie zum Unternehmenserfolg beigetragen haben und ob Sie das Unternehmen oder zumindest Ihren Bereich vorangebracht haben.

Arbeitserfolg konkret
Ausschöpfung von Absatzpotentialen
Auszeichnungen
Eröffnung neuer Geschäftsfelder
Erschließung neuer Märkte
Erzielung von Konkurrenzvorsprüngen
Etablierung neuer Produkte
Gewinnung eines besonders wichtigen Kunden
Gratifikationen/Prämien
Hohe Maschinenauslastung
Kosteneinsparungen (in Höhe von x Prozent/Euro)
Patente/Zertifizierungen
Prämierte Verbesserungsvorschläge
Projekterfolge (konkret ausführen)
Reduktion von Ausschuss/Fluktuation (um x Prozent)
Senkung der Fehlzeiten/Stückkosten (um x Prozent)
Steigerung der Produktion/Produktivität/Kapazitäten/

Qualität/Effizienz/Gewinne (um x Prozent)
Verbesserung des Umsatzes/Absatzes (um x Prozent)
Verbesserung von Arbeitsabläufen/Prozessen
Verkürzung von Durchlaufzeiten/Lieferzeiten (um x Prozent)

Erfolgsbezogene Verben	
baute aus	realisierte
beschleunigte	reduzierte
erhöhte	senkte
erreichte	sicherte
erzielte	sparte ein
gelang es	stärkte
gewährleistete	steigerte
meisterte	verbesserte
modernisierte	verkürzte
optimierte	vervollkommnete
profilierte	wir verdanken ihm/ihr

f) Führungsleistung

Unter Führungsleistung wird die Qualität der Mitarbeiterführung eines Vorgesetzten verstanden. Sie zählt bei Führungskräften zu den wesentlichen Leistungskriterien. Dabei steht die Frage im Vordergrund, wie die Mitarbeiter geführt wurden und mit welchem Erfolg. Gelang eine kooperative, situationsgerechte Führung, bei der Einfühlungsvermögen ebenso wie Durchsetzungsvermögen unter Beweis gestellt werden konnte? Zu was für Leistungen motivierte die Führungskraft seine Mitarbeiter und wie war das von ihm geschaffene Arbeitsklima? Ist von Beliebtheit oder einem kollegialen Verhältnis zu den Mitarbeitern die Rede und soll damit vielleicht ein zu weicher Führungsstil angedeutet werden? Oder lassen Formulierungen wie »führte mit fester Hand«, »führte außerordentlich konsequent« oder »seine äußerst straffe Führung« auf einen zu harten Führungsstil schließen?

Mitarbeiterführung

Harter Führungsstil

Gehen Sie daher auf die Art und Weise Ihrer Mitarbeiterführung sowie auf Ihre Führungseignung ein. Bewerten Sie die Auswirkung Ihres Führungsverhaltens auf die unterstellten Mitarbeiter und stellen Sie auch heraus, welche Auswirkung Ihre Führung auf das Arbeitsergebnis hatte. Vermeiden Sie jedoch Sätze wie »Sie stellte stets sehr hohe Erwartungen an ihre Mitarbeiter« oder »Er forderte von seinen Mitarbeitern stets sehr gute Leistungen«. In diesen Fällen wird der Leser davon ausgehen, dass die Erwartungen oder Forderungen nicht erfüllt wurden.

Mitarbeiterführung	
Führungsstil und -eignung	z.B. kooperativ, autoritär, situativ Durchsetzungskraft, Geschick im Umgang mit Menschen etc.
Auswirkung auf den Mitarbeiter	z.B. Mitarbeiterzufriedenheit, Mitarbeitermotivation, Arbeitsatmosphäre, Arbeitsklima, Gruppenzusammenhalt
Auswirkung auf das Arbeitsergebnis	z.B. Team-, Abteilungsergebnis

Textbausteine

Führungsleistung	
Note 1:	»Er besitzt ausgezeichnete Führungsqualitäten und war bei seinen Mitarbeitern stets anerkannt und geschätzt.« »Er zeichnete sich durch einen kooperativen Führungsstil aus, verstand es aber auch, sich in schwierigen Situationen durchzusetzen und seine Mitarbeiter stets zu sehr guten Leistungen zu motivieren. Dabei delegierte er angemessen Aufgaben und Verantwortung, engagierte sich für die Weiterentwicklung seiner Mitarbeiter und förderte so deren Selbstständigkeit.«

Note 1:

»Sie ist eine dynamische Fach- und Führungspersönlichkeit, die es mit ihrer verbindlichen, aber bestimmten Art glänzend verstand, ein sehr angenehmes Arbeitsklima zu schaffen. Die Produktivität ihrer Abteilung lag immer sehr weit über dem Durchschnitt.«

»Er bewies bei der Personalauswahl und -führung großes Geschick. Mit fachlicher Autorität, Einfühlungsvermögen und Überzeugungskraft erzeugte er eine sehr produktive und konstruktive Arbeitsatmosphäre. Fehlzeiten und Fluktuation gingen unter seiner Leitung drastisch zurück und liegen heute deutlich unter denen anderer Bereiche.«

»Als Projektleiterin moderiert sie die verschiedenen Arbeitskreise sehr geschickt und effizient. Sie weckt Teamgeist und versteht es, Mitarbeiter erfolgreich in Projekte einzubeziehen, indem sie sie ermutigt, eigene Vorschläge zu machen.«

»Er hat die Zusammenarbeit im Team umsichtig gefördert und seine Mitarbeiter zielbewusst und konsequent zu stets sehr guten Leistungen geführt.«

»Sie zeichnete sich als sehr faire, aber auch fordernde Führungskraft aus, die ihre Mitarbeiter nachhaltig und erfolgreich motivierte, was sich in hervorragenden Abteilungsergebnissen niederschlug.«

»Er zeichnete sich durch einen durchsetzungsstarken, gleichzeitig teamorientierten Führungsstil aus.«

»Sie verfügt über sehr gute Führungseigenschaften und schaffte es trotz der heterogenen Zusammensetzung, ein außerordentlich effizientes und erfolgreiches Projektteam zu formen.«

Note 1:   »Er trug Fachverantwortung für x Mitarbeiter, denen er immer mit gutem Beispiel voranging. Mit seinem zielgerichteten, situativen und integrativen Führungsstil gelang es ihm, die Gruppenleistung beachtlich zu steigern.«

»Er war ein gradliniger und zugleich fürsorglicher Vorgesetzter, unter dessen Leitung sich Leistung und Teamgeist der Abteilung innerhalb kurzer Zeit äußerst positiv entwickelt haben.«

»Als Projektleiterin verstand sie es, ihre Mitarbeiter zielorientiert zu führen und zu Höchstleistungen anzuspornen. Dabei bewies sie in schwierigen Situationen sowohl Einfühlungs- als auch Durchsetzungsvermögen und war in der Lage, mit konstruktiven Lösungsansätzen schlichtend zu vermitteln.«

»Er nahm seine Rolle als »Primus inter pares« immer mit hohem Verantwortungsbewusstsein und diplomatischem Geschick sehr erfolgreich wahr.«

»Als Coach und Vorbild motivierte sie ihr Mitarbeiterteam durch eine offene und klare Kommunikation sowie durch konsequente Delegation von Zielen und Verantwortung.«

»Im Rahmen seiner Führungsaufgabe förderte er Eigeninitiative, Leistungsbereitschaft, kooperative Zusammenarbeit und unternehmerisches Handeln seiner Mitarbeiter durch klare Aufgabenstellung, Delegation von Verantwortung und sachgerechte Information.«

Note 4:	»Seine Mitarbeiterführung war nicht zu beanstanden.« »Er wurde von seinen Mitarbeitern akzeptiert und verstand es, sie zu zufriedenstellenden Leistungen zu motivieren.«
Note 5/6:	»Sie war eine fürsorgliche und in jeder Hinsicht verständnisvolle Vorgesetzte.«
Note 5/6:	»Er brachte alle Voraussetzungen mit, um seine Mitarbeiter zielgerecht zu motivieren und erwartete, dass sich diese jederzeit voll einsetzen.« »Sie hatte Gelegenheit ihre Führungsqualitäten unter Beweis zu stellen.«

g) Zufriedenheitsformel

Die Zufriedenheitsformel ist eines der wichtigsten, gleichzeitig auch eines der bekanntesten Elemente in einem Arbeitszeugnis, stellt sie doch eine zusammenfassende Gesamtbewertung der Leistung dar, auf die der Arbeitnehmer sowohl im End- als auch in einem Zwischenzeugnis Anspruch hat (LAG Düsseldorf, Urteil vom 11.6.2003, Az.: 12 SA 354/03).

Anspruch

Aufgrund ihrer Wichtigkeit kommt es immer wieder zu Rechtsstreitigkeiten um diese Formel bzw. der dabei genutzten Floskeln. Dies hat dazu geführt, dass die diesbezüglichen Abstufungen auf der Positivskala heute sehr genau feststehen und durch zahlreiche Gerichtsurteile gesichert sind. Interessanterweise ist anzumerken, dass die Gerichte aus Gründen der Rechtssicherheit an dieser Stelle quasi einen Zeugniscode akzeptieren (BAG, Urteil vom 23.9.1992, Az.: 5 AZR 573/91), obwohl die Zufriedenheitsfloskeln teils wohlwollender klingen als sie gemeint sind, was nach § 109 GewO ja eigentlich nicht sein darf.

Die bekannteste Zufriedenheitsformel ist sicherlich »hat seine Aufgaben stets zu unserer vollsten Zufriedenheit

»Stets zu un-
serer vollsten
Zufrieden-
heit«
erledigt«. Sie entspricht der Schulnote 1. Dabei ist zu beachten, dass die Formel neben dem »vollsten« auch einen
uneingeschränkten Zeitfaktor enthalten muss, da sie sonst
nur einer 1–/2+ entspricht. Wichtig ist zudem auch die
Einhaltung der genauen Syntax. Es macht einen Unter-

schied, ob es heißt: »*Sie erledigte ihre Aufgaben stets sehr
zügig und zu unserer vollsten Zufriedenheit*« oder »*Sie
erledigte ihre Aufgaben sehr zügig und stets zu unserer
vollsten Zufriedenheit*«. Die Sätze erscheinen zwar auf
den ersten Blick in ihrer Aussage gleich. Wiederum kann
bei genauerer Betrachtung angenommen werden, dass sich
»stets« im ersten Satz nur auf die zügige Arbeitsweise und
nicht auf die Zufriedenheit bezieht.

**Siebenstufige
Notenskala**

In der Rechtssprechung und Literatur hat sich folgende
siebenstufige Notenskala herausgebildet (LAG Hamm,
Urteil vom 13.2.1992, Az.: 4 Sa 1077/91; LAG Köln, Entscheidung vom 18.5.1995, LAGE § 630 BGB Nr. 23 und
vom 2.7.1999, LAGE Nr. 35 zu § 630 BGB; LAG Hamm,
Urteil vom 22.5.2002, NZA-RR 2003, 71 u.v.m.):

»stets zu unserer vollsten Zufriedenheit erledigt«	= sehr gut (Note 1)
»stets zu unserer vollen Zufriedenheit erledigt«	= gute, überdurch- schnittliche Leistung (Note 2)
»zu unserer vollen Zufrie- denheit erledigt«	= vollbefriedigende, durchgehend mangel- freie Leistung im oberen Bereich des Durch- schnitts (Note 2– bis 3)
»stets zu unserer Zufrieden- heit erledigt«	= befriedigende, durch- schnittliche Leistung, der nicht entgegen steht, dass es zu ge- ringfügigen Mängeln, Fehlern oder anderen Unzulänglichkeiten ge- kommen ist (Note 3)

»zu unserer Zufriedenheit erledigt«	= unterdurchschnittliche, aber noch ausreichende Leistung (Note 4)
»im Großen und Ganzen/ insgesamt zu unserer Zufriedenheit erledigt«	= mangelhafte Leistung (Note 5)
«zu unserer Zufriedenheit zu erledigen versucht« »hat sich (stets) bemüht, ...« »führte die übertragenen Aufgaben mit großem Fleiß und Interesse durch«	= völlig unzureichende Leistung (Note 6)

Mitunter lehnen Arbeitgeber die Formulierung »zur vollsten Zufriedenheit« mit der Begründung ab, dass sie sprachlich falsch und voll nicht steigerungsfähig sei. Stattdessen bieten sie die »stets volle Zufriedenheit« als Bescheinigung einer sehr guten Leistung an. Darauf sollte man sich jedoch in keinem Fall einlassen, denn dies entspricht keinesfalls der Gesamtnote »sehr gut«. Vielmehr sollten Sie mit Verweis auf das Urteil vom Landesarbeitsgericht Hamm auf »vollste« bestehen (»Es erscheint rabulistisch, dem Arbeitnehmer das Adjektiv ›vollste‹ bei der Beurteilung im Zeugnis zu verweigern, wenn es in arbeitsrechtlichen Monographien, Musterbüchern und Zeitschriften gebräuchlich ist« wertete das LAG Hamm in seinem Urteil vom 13.2.1992, Az.: 4 Sa 1077/91). Oder verlangen Sie mit Verweis auf ein Urteil des Bundesarbeitsgerichts die Verwendung einer Alternativformulierung. In diesem heißt es: »Der sehr guten Leistung entspricht die zusammenfassende Beurteilung ›zur vollsten Zufriedenheit‹. Will der Arbeitgeber das Wort ›vollste‹ vermeiden, so muß er eine sehr gute Leistung mit anderen Worten als ›volle Zufriedenheit‹ bescheinigen« (BAG, Urteil vom 23.9.1992, Az.: AZR 573/91).

»Zur vollsten Zufriedenheit«

»Zur vollen Zufriedenheit« Eine Tätigkeit, die während der gesamten, in diesem Fall neunmonatigen Beschäftigung niemals beanstandet wurde, hebt sich übrigens nach Ansicht des Landesarbeitsgerichts Düsseldorf von dem Durchschnitt ab und verdient eine Würdigung als »stets zu unserer vollen Zufriedenheit« (LAG Düsseldorf, Urteil vom 20.11.1979, Az.: 5 (9) Sa 778/79).

Zusammen mit oder an Stelle der klassischen Zufriedenheitsformel wird auch manchmal angegeben, inwieweit der Mitarbeiter den Anforderungen oder Erwartungen entsprochen hat. Hier ergeben sich die Abstufungen auf der Positivskala wie folgt:

> Er/Sie hat unseren Erwartungen ...
>
> ... stets in jeder Hinsicht und in (aller)bester Weise entsprochen = Note 1
>
> ... stets in guter Weise entsprochen / stets in jeder Hinsicht entsprochen = Note 2
>
> ... in jeder Hinsicht entsprochen = Note 3
>
> ... entsprochen = Note 4
>
> ... meist/in der Regel entsprochen = Note 5

Zufriedenheitsformel oft überbewertet Die Zufriedenheitsformel sollte bei der Rückübersetzung des Zeugnisses nicht überbewertet und immer im Gesamtkontext betrachtet werden. Denn häufig setzen Arbeitgeber die Zufriedenheitsformel großzügig ein, um Auseinandersetzungen mit dem Arbeitnehmer möglichst zu vermeiden, werten sie gleichzeitig aber – für den ungeübten Leser schwieriger erkennbar – durch entsprechende Einzelbewertungen oder Schlussformulierungen wieder ab. Eine Praxis, die nach der Rechtssprechung nicht zulässig ist.

Analog zu den Einzelbewertungen Danach muss sich die zusammenfassende Leistungsbeurteilung in die zuvor vorgenommenen Einzelbeurteilungen einpassen lassen (LAG Hamm, Urteil vom 22.5.2002, Az.: 3 Sa 231/02) bzw. sich die Gesamtbeurteilung mit den Einzelbeurteilungen decken (BAG, Entscheidung vom 23.9.1992, EzA § 630 BGB Nr. 16). Wiederum wurde schon 1971 in einem Urteil des Bundesarbeitsgerichts (Urteil vom 29.7.1971, Az.: 2 AZR 250/70, AP Nr. 6) festgestellt, dass die Zufriedenheitsformel durch den Kontext auch auf- oder abgewertet werden kann.

Fehlt die obligatorische Zufriedenheitsformel vollständig, so wirkt dies ausweichend. Es entsteht unter Umständen der Eindruck, dass man sich auf eine konkrete und offene Gesamtbewertung lieber nicht einlassen wollte.

Umgekehrt macht eine gute Zufriedenheitsformel allein noch kein gutes Zeugnis aus. Heißt es doch so schön »Eine Schwalbe macht noch keinen Mai«. Vielmehr muss der Text die Gesamtnote rechtfertigen, wobei dies adäquate Schlussformulierungen am Ende des Zeugnisses (Dank, Bedauern, Zukunftswünsche) einschließt. Hat man sich aber die Mühe gespart, näher auszuführen, wodurch sich Ihre Arbeit und Arbeitsweise auszeichnete, so wirkt dies negativ und könnte unter Umständen sogar die Zufriedenheit des Arbeitgebers unglaubwürdig machen oder zumindest in Zweifel ziehen.

Ein Fehlen wirkt ausweichend

Textbausteine

Zufriedenheitsformel	
Note 1:	»Mit ihren Leistungen waren unsere Kunden/Auftraggeber und wir immer außerordentlich zufrieden.«
	»Seine Leistungen haben stets in jeder Hinsicht unsere volle Anerkennung gefunden.«
	»Mit ihren Leistungen waren wir zu jeder Zeit vollauf zufrieden.«
	»Er nahm seine Aufgaben und unsere Unternehmensinteressen immer äußerst zufriedenstellend wahr.«
Note 4:	»Mit ihren Leistungen waren unsere Kunden/Auftraggeber und wir zufrieden.«
	»Seine Leistungen haben unsere Anerkennung gefunden.«

Note 4:	»Seine Leistungen waren zufriedenstellend.«
	»Mit ihren Leistungen waren unsere Kunden/Auftraggeber und wir im Großen und Ganzen/meist/in der Regel/weitgehend/größtenteils zufrieden.«
Note 5/6:	»Sie führte die übertragenen Aufgaben mit Fleiß und Interesse aus.«
	»Er zeigte Interesse für die übertragenen Aufgaben.«
	»Er hat seine Aufgaben erledigt.«
	»Sie hatte die Gelegenheit, die ihr übertragenen Aufgaben zu erledigen.«

2.6   Verhaltensbeurteilung

Ein qualifiziertes Zeugnis muss neben der Leistungsbeurteilung auch eine Verhaltensbeurteilung enthalten. Oftmals wird anstelle von »Verhalten« auch von »Führung« gesprochen, hieß es vor der Gesetzesnovellierung 2003 im § 113 GewO und heute noch in § 630 BGB »Führung im Dienst«. Gemeint ist in jedem Fall das gesamte Sozialverhalten, welches auch die Bereiche Persönlichkeit und Sozialkompetenz umfasst.

 Die Bewertungen fallen in diesem Bereich meist milder aus als bei der Leistungsbeurteilung. So werden überwiegend sehr gute und gute Beurteilungen ausgesprochen. Dies hat jedoch zur Folge, dass eine mittelmäßige Beurteilung letztlich schon recht schlecht ist und verhaltensbedingte Probleme andeutet.

Untergeordnete Rolle Obwohl gerade den sozialen Kompetenzen bei der Personalauswahl heutzutage immer mehr Bedeutung beigemessen wird, spielt dieser Bereich in Zeugnissen meist noch eine untergeordnete Rolle. Dies kommt schon durch den im Verhältnis zur Leistungsbeurteilung üblicherweise sehr viel geringeren Umfang zum Ausdruck.

In der Regel besteht die Führungsbeurteilung aus der Verhaltensformel (vom Stellenwert vergleichbar mit der Zufriedenheitsformel bei der Leistung) sowie ein bis zwei ergänzenden Sätzen. Manchmal beschränkt man sich auch auf eine durch mehrere Eigenschaftsnennungen ausgeschmückte Verhaltensformel. Es wirkt jedoch abwertend, wenn die Führung extrem knapp, mit einem einzigen kurzen Satz abgetan wird, wie z.B. »Sein Verhalten gegenüber Vorgesetzten und Kollegen war einwandfrei.«.

a) Verhaltensformel

Gerade bei der Einschätzung der Verhaltensbeurteilung oder der Beurteilung der persönlichen Führung, wie es so schön heißt, herrscht Uneinigkeit unter Fachleuten. Vielleicht liegt es daran, dass man in Deutschland mehr auf den Leistungsbereich fokussiert ist und gerichtliche Streitigkeiten bzw. Gerichturteile eher in diesem Bereich zu finden sind.

Zwei Punkte sollten besonders beachtet werden, um Fehlinterpretationen zu vermeiden: Vollständigkeit und Reihenfolge. So müssen alle relevanten Verhaltensrichtungen beurteilt werden. Das heißt, dass in jedem Fall das Verhalten gegenüber Vorgesetzten und Kollegen Erwähnung finden muss – bei einer Führungstätigkeit auch das Verhalten gegenüber Mitarbeitern. Gehörten Kontakte zu Kunden, Lieferanten oder anderen Geschäftspartnern zum »täglich Brot«, sollte sich die Verhaltensbeurteilung darüber hinaus auch auf das externe Verhalten erstrecken. Wird eine Partei nicht genannt, signalisiert diese Leerstelle diesbezügliche Probleme.

Alle Verhaltensrichtungen

Der zweite entscheidende Punkt ist die Reihenfolge. Das Arbeitsgericht in Saarbrücken hat in seinem Urteil vom 2.11.2001 (Az.: 6 Ca 38/01) die Reihenfolge Vorgesetzte – Kollegen – Geschäftspartner zum Standard erklärt. Werden die Vorgesetzten erst nach den Kollegen genannt, signalisiert dies, dass das Verhältnis zu den Vorgesetzten nicht immer das Beste war. Bezüglich der Frage, an welcher Stelle die Geschäftspartner genannt werden müssen,

Reihenfolgestandard

herrscht unter Fachleuten jedoch Uneinigkeit. Werden sie an letzter Stelle genannt, ist dies für die einen ein Ausdruck von Loyalität. Andere hingegen sehen darin eine mangelnde Kunden- oder Serviceorientierung und vertreten die Meinung, die Geschäftspartner müssen an erster Stelle genannt werden. Auch hier liegt die Wahrheit sicherlich in der Mitte und kommt es darauf an, wer mit Geschäftspartner gemeint ist (z.B. Kunden oder Lieferanten). Lieferanten sollten sicherlich immer erst nach den Vorgesetzten und Kollegen genannt werden. Bei Kunden ist wiederum entscheidend, wie prägend der Kundenkontakt für Ihre Arbeitsleistung war. So macht es einen Unterschied, ob für einen Außendienstmitarbeiter der Kundenkontakt elementarer Bestandteil seiner Arbeit war oder ob ein Buchhalter nur gelegentlich direkten Kontakt hatte.

Externes Verhalten

Die so genannten Verhaltensformeln, vergleichbar mit der Zufriedenheitsformel bei der Leistungsbeurteilung, stufen sich wie folgt ab:

Abstufungen der Verhaltensformel:	
Sein Verhalten zu Vorgesetzten und Kollegen war stets vorbildlich.	= Note 1
Sein Verhalten zu Vorgesetzten und Kollegen war vorbildlich.	= Note 1– / 2+
Sein Verhalten zu Vorgesetzten und Kollegen war stets einwandfrei.	= Note 2
Sein Verhalten zu Vorgesetzten und Kollegen war einwandfrei.	= Note 3
Sein Verhalten zu Kollegen und Vorgesetzten war stets einwandfrei.	
Sein Verhalten gegenüber Vorgesetzten/Kollegen war einwandfrei.	= Note 4
Sein Verhalten zu Kollegen und Vorgesetzten war einwandfrei.	

Sein Verhalten war insgesamt einwandfrei. Sein Verhalten war ohne Tadel.	= Note 5

Anmerkung: Der Zeitfaktor »stets« kann hierbei auch durch die Worte »jederzeit« oder »immer« ersetzt werden. Bei einem Mitarbeiter, der Führungsverantwortung und externe Kontakte hatte, sind Mitarbeiter und Kunden bzw. Geschäftspartner zu ergänzen.

In dem Urteil des Landesarbeitsgerichts Hamm vom 17.12.1998 (Az.: 4 Sa 630/98) werden sogar noch strengere Maßstäbe angelegt, die jedoch nicht die gängige Praxis widerspiegeln.

Üblicherweise gelten negierte Negativbegriffe in der Zeugnissprache ja als Hinweis auf Kritik. Dies gilt aber nicht für »einwandfrei« in der Verhaltensformel. Heißt es »Sein Verhalten gegenüber Vorgesetzten und Kollegen war stets einwandfrei«, entspricht dies einer vollbefriedigenden Beurteilung. Vielfach wird diese Formel sogar als eine gute oder – je nach Kontext – sogar gelegentlich als sehr gute Beurteilung eingeschätzt. **»Einwandfrei«**

Nach Ansicht des Arbeitsgerichts Solingen kann anstelle von »einwandfrei« auch »korrekt« stehen (ArbG Solingen, Urteil vom 17.5.1990, Az.: 1 Ca 354/90) – eine Ansicht, die sich mit der Praxis nicht deckt. Danach wäre eine Formulierung mit dem Wort »korrekt« immer etwas schlechter einstufen. Dies gilt auch für die Verwendung von »stets tadellos«, welche nach Auffassung des Landesarbeitsgerichts Hamm (Entscheidung vom 1.12.1994, LAGE § 630 BGB Nr. 28) ein gutes Sozialverhalten widerspiegelt, gleichzeitig aber der Negationstechnik entspricht. **»Korrekt«** **»Tadellos«**

Je breitgefächerter die Meinungen zur Einschätzung der Verhaltensformel sind, desto deutlicher wird, wie wichtig es ist, sie nicht isoliert zu betrachten, sondern sie in den Kontext der gesamten Verhaltensbeurteilung zu stellen. Werden neben der Gesamtbewertung auch soziale Kompetenzen gelobt sowie die Persönlichkeit des Mitarbeiters näher beschrieben oder ist von Anerkennung, Beliebtheit oder Wertschätzung die Rede, wertet dies die Beurteilung insgesamt deutlich auf. Besteht die Verhaltensbeurteilung jedoch nur aus dem einen Satz der Verhaltensformel, sind umso mehr Zweifel an der Glaubwürdigkeit angebracht, je besser die Formel nach den o.g. Abstufungen einzuschätzen ist.

	Verhalten
Alternative Verhaltens-formeln und ergänzende Textbausteine	
Note 1:	»Er ist ein aufgeschlossener und kooperativer Mitarbeiter, der sich vorbildlich in das Team integrierte. Er verfügt über eine hohe Sozialkompetenz und trug sehr zu einem harmonischen Betriebsklima bei.«
	»Ihre Zusammenarbeit mit Vorgesetzten und Kollegen war jederzeit sehr gut. Unseren Geschäftspartnern und Kunden gegenüber trat sie ebenso sicher wie gewandt auf und repräsentierte unser Unternehmen stets in vorbildlicher Weise.«
	»Aufgrund seiner sachlichen, konstruktiven Art und seines kollegialen Wesens war er gleichermaßen bei Vorgesetzten und Mitarbeitern stets sehr geschätzt und anerkannt. Auf seine Loyalität und Diskretion konnten wir uns jederzeit absolut verlassen.«
	»Durch ihren offenen und freundlichen Umgang integrierte sie sich hervorragend in das Team. Ihr verbindliches Wesen, ihre Integrität und ihr dienstleistungs-orientiertes Handeln trugen dabei sehr zu der angenehmen Zusammenarbeit und dem produktiven Arbeits- und Betriebsklima bei.«

	»Sie war eine sehr integere und loyale Mitarbeiterin, die zu Vorgesetzten und Kollegen stets ein ausgesprochen gutes Verhältnis hatte. Auch unseren Kunden war sie eine fachlich und persönlich sehr geschätzte Gesprächs- und Verhandlungspartnerin.«
	»Er ist ein überzeugter Teamworker/ Teamplayer, der mit allen Ansprechpartnern immer sehr gut zurechtkam.«
Note 3:	»Ihr Verhalten zu Arbeitskollegen war kollegial und hilfsbereit, das zu ihren Vorgesetzten korrekt.«
	»Seine Zusammenarbeit mit Vorgesetzten und Mitarbeitern war gut.«
	»Wegen ihrer zuvorkommenden Art war sie bei Kollegen und Vorgesetzten beliebt.«
	»Sein ausgleichendes Wesen und seiner kooperative Art sicherten ihm ein gutes Verhältnis zu den Mitarbeitern und Vorgesetzten.«
	»Er verhielt sich stets korrekt und fügte sich gut in die Arbeitsgemeinschaft ein.«
Note 4:	»Ihre Führung war tadellos und gab zu Klagen keinen Anlass.«
	»Seine Zusammenarbeit mit Mitarbeitern/ Vorgesetzten war zufriedenstellend.«
	»Mit den Kollegen und den Vorgesetzten ist er zurechtgekommen.«
	»Seine Führung gegenüber Vorgesetzten/ Kollegen war höflich und korrekt.«
	»Die Zusammenarbeit mit ihm verlief reibungslos und ungetrübt.«
	»Er vermied Spannungen und hatte zu seinem Vorgesetzten ein gutes Verhältnis.«

Note 5:	»Sein persönliches Verhalten war insgesamt tadellos.«
	»Sie galt als freundliche und hilfsbereite Kollegin.«
	»Über ihn ist uns nichts Nachteiliges bekannt geworden.«

Auswirkungen guten Verhaltens	
Respekt, Wertschätzung, Beliebtheit, Annerkennung, Vorbildfunktion,	Kundenzufriedenheit, gute Repräsentanz des Unternehmens nach außen

b) Was drin stehen sollte

Auch die Verhaltensbeurteilung sollte einen Bezug zur Tätigkeitsbeschreibung haben. Waren Sie in führender Position tätig, sollte eine Bestätigung der Loyalität nicht fehlen. Auch macht es sich in diesem Fall gut, wenn darauf hingewiesen wird, dass Sie jederzeit das absolute Vertrauen der Geschäftsleitung besaßen. Bei Mitarbeitern, die Zugang zu vertraulichen Daten und Informationen hatten (z.B. im Personalwesen, in der Buchhaltung, im Chefsekretariat oder in der Forschungsabteilung) sollte in jedem Fall Diskretion oder Verschwiegenheit bescheinigt werden. Ehrlichkeit gilt dahingegen als Selbstverständlichkeit und ist nur bei Berufen mit besonderer Versuchung (z.B. Kassierer, Verkäufer, Hotelpersonal, Außendienstmitarbeitern (wegen der Spesenabrechnungen)) zu erwähnen (LAG, Urteil vom Hamm 27.2.1997, Az.: 4 Sa 1691/96), da ansonsten das genaue Gegenteil zum Ausdruck kommen kann. Handelt es sich bei Ihrer Tätigkeit um einen solchen Beruf, kann hinzugefügt werden, dass lediglich »der Ordnung halber« auf die Ehrlichkeit eingegangen wird. Dies schützt vor Missverständnissen bzw. Fehlinterpretationen.

Loyalität

Ehrlichkeit

Ein GmbH-Geschäftsführer kann im Zeugnis ggf. eine **Vertrauen** Bestätigung verlangen, dass er das Vertrauen der Gesellschafter gehabt habe (Kammergericht Berlin, Urteil vom 6.11.1978, Az.: 2 U 2290/78).

Werden Eigenschaften betont, die für die Ausübung der Tätigkeit unwichtig waren, ist dies sicherlich als Hinweis auf Kritik zu verstehen. Wird beispielsweise bei einem Buchhalter Kontaktfreudigkeit besonders hervorgehoben, könnte daraus geschlossen werden, dass er sich mehr um seine Kollegen als um seine Arbeit gekümmert hat.

Soziale Kompetenzen	
Aufgeschlossenheit	Korrektheit
Ausgeglichenheit	Loyalität
Ausstrahlung	Menschenkenntnis
diplomatisches Geschick	Niveau
Diskretion	optimistische Grund-
Durchsetzungsfähigkeit	haltung
Ehrlichkeit	positive Einstellung
Einfühlungsvermögen	Sachlichkeit
gepflegte Erscheinung	talentiert im Umgang mit
gewandtes Auftreten	Menschen
gute Umgangsformen	Teamfähigkeit/Teamgeist
Hilfsbereitschaft	Verantwortungsbewusst-
Höflichkeit	sein
Integrität	Verbindlichkeit
Kollegialität	Verhandlungsstärke
Kommunikationsstärke	Verschwiegenheit
Konstruktivität	Vertrauenswürdigkeit
Kontaktfreudigkeit	Zuvorkommenheit
Kooperatives Verhalten	

c) Vorsicht Falle

Einige Eigenschaften lassen sich sowohl positiv wie auch **Wichtigtuer** negativ auslegen. Ein »gesundes Selbstvertrauen« wird in einem Zeugnis sicherlich als ein Hinweis auf Wichtigtuerei und mangelndes Fachwissen verstanden werden. Ein

»Mitarbeiter mit Prinzipien« steht für einen rechthabe-
rischen, unflexiblen Arbeitnehmer. War der Mitarbeiter »in
der Lage, seine eigenen Stärken und Schwächen realistisch
einzuschätzen«, könnte dies andeuten, dass der Mitarbeiter zur Selbstüberschätzung neigte. War er »in der Lage,
Kritik zu üben und gleichzeitig aber auch zu akzeptieren«,
lässt dies darauf schließen, dass durchaus Kritik an ihm zu
Tratschtante   üben war. Eine »kommunikationsfreudige Mitarbeiterin«
könnte als Tratschtante übersetzt werden. Bei einem »un-
auffälligen Mitarbeiter« wird der Leser vermutlich von
einem Mitläufer mit geringer Persönlichkeit ausgehen und
Streber   bei einem »ehrgeizigen Mitarbeiter« könnte man auf einen
unangenehmen Streber schließen.

2.7   Schlussformulierungen

Den Schlussformulierungen wird heutzutage große Bedeutung beigemessen, da aus ihnen in sehr guter Weise
eine Gesamtbeurteilung des Arbeitnehmers abgeleitet
werden kann. Sie bestätigen noch einmal voranstehende
Leistungs- und Verhaltensbeurteilungen bzw. geben Aufschluss über deren Glaubwürdigkeit. Der Fachmann wirft
daher bei der Interpretation eines Zeugnisses oft zunächst
einen Blick auf diese Schlussformulierungen und lässt sich
gewissermaßen auf das einstimmen, was ihn in den übrigen Passagen erwarten wird.

Zu den Schlussformulierungen zählen Aussagen zu den
Kündigungsmodalitäten ebenso wie Dank, Bedauern und
Zukunftswünsche. Vereinzelt werden diese auch durch
eine Würdigung verbleibender Dienste, eine Einstellungs-
empfehlung, ein Wiedereinstellungsversprechen oder die
Bitte um Wiederbewerbung nach Abschluss einer Weiterbildung ergänzt.

Kein An-   Der rechtliche Anspruch ist jedoch umstritten. Früher
spruch auf ein   sind Versuche von Arbeitnehmern, diese Floskeln ein-
Bedauern!   zuklagen, grundsätzlich gescheitert. Dies gilt auch heute
noch für die Bedauernsformel (LAG Berlin, Urteil vom
10.12.1998, Az.: 10 Sa 106/97). Selbst Dank und Zukunfts-

wünsche werden immer wieder verwehrt (BAG, Urteil vom 20.2.2001, Az.: 9 AZR 44/00). Vermutlich werden den Schlussformulierungen gerade aus diesem Grund bei der Interpretation eines Zeugnisses eine so große Bedeutung beigemessen.

Umdenken in der Rechtsprechung

Die Rechtsprechung der letzten Jahre lässt jedoch ein Umdenken erkennen und trägt damit dem Umstand Rechnung, dass Schlussformeln wie Dank und Zukunftswünsche heute zumindest in guten Zeugnissen mehr oder weniger obligatorisch geworden sind, wohingegen sie früher eher die Ausnahme waren. Immer mehr Urteile hierzu fallen zu Gunsten des Arbeitnehmers aus. So gesteht das Hessische Landesarbeitsgericht durch seinem Urteilsspruch vom 17.6.1999 zumindest unter besonderen Umständen, nämlich bei guten oder gar hervorragenden Zeugnissen, einen Anspruch auf einen Dank und Zukunftswünsche zu (LAG, Urteil vom 17.6.1999, Az.: 14 Sa 1157/98). Es bestätigt damit das vorherige Urteil des Arbeitsgerichtes, das den Arbeitgeber schon zur Aufnahme angemessener Zukunftswünsche verurteilt hatte und geht durch das Zugeständnis eines Dankes sogar noch darüber hinaus. Auch das LAG Köln meint, dass ein Arbeitnehmer die Ausstellung einer Grußformel deswegen verlangen kann, weil das Fehlen eine Trennung im Streit signalisiere (LAG Köln, Entscheidung vom 20.10.1990, LAGE § 630 BGB Nr. 11). Im Urteil des Arbeitsgerichts Berlin vom 7.3.2003 (Az.: 88 Ca 604/03) wird dem Arbeitnehmer sogar regelmäßig ein Anspruch auf eine Dankes- und Zukunftsformel zugesprochen und nur aus triftigem Grund dürfe ausnahmsweise etwas anderes gelten.

Wird eine Schlussformel verwendet, muss sie auch mit der Leistungs- und Führungsbewertung übereinstimmen. Jedenfalls dürfen zuvor unterlassene negative Werturteile nicht versteckt mit einer knappen »lieblosen« Schlussformel nachgeholt werden (LAG Hamm, Urteil vom 12.7.1994, Az.: 4 Sa 564/94).

a) Beendigungsformel im Endzeugnis

Mit Beendigungsformel ist eine Aussage zu Kündigungs-
initiative und -grund gemeint. Diese darf mit Ihrem Einverständnis bzw. muss auf Ihren Wunsch hin in wohlwollender Weise in das Zeugnis aufgenommen werden (ArbG
Frankfurt a.M., Urteil vom 6.10.2003, Az.: 1 Ca 7578/02
und LAG Düsseldorf, Entscheidung vom 22.8.1988, LAGE
§ 630 BGB, Nr. 4). Dies empfiehlt sich auch, da ein dies-
bezügliches Schweigen als arbeitgeberseitige, personenbedingte Kündigung ausgelegt werden würde und somit zu
einer Fehlinterpretation führen könnte.

Betriebs-
bedingte
Kündigung

Wurde Ihnen betriebsbedingt gekündigt, können Sie sogar die Angabe der betriebsbedingten Gründe verlangen
(ArbG Frankfurt a.M., Urteil vom 6.10.2003, Az.: 1 Ca
7578/0 und LAG Hamm, Urteil vom 17.6.1999, Az.: 4 Sa
309/98). Heißt es dann z.B. »wegen Reduzierung der Be-
legschaft/Abteilungs- oder Betriebsschließung/Umstruk-
turierungsmaßnahmen/des Hineinwachsens von Famili-
enmitgliedern in die Geschäftsführung«, wird der Leser
wohl kaum an der betriebsbedingten Kündigung zweifeln.
Auch wird diese sicherlich nicht negativ auf Sie zurück-
fallen, insbesondere wenn noch hinzugefügt wurde, dass
man Ihnen zur Zeit leider keine adäquate andere Stelle
hatte anbieten können.

Schweigen
zum Kündi-
gungsgrund

Wurden Sie aus leistungs- oder verhaltensbedingten Gründen entlassen, darf dies hingegen nicht erwähnt werden,
damit Sie in Ihrem beruflichen Fortkommen nicht ungebührlich behindert werden. Allerdings sollte Ihnen bewusst sein, dass schon die Leerstelle dem Leser sehr deutlich eine arbeitgeberseitige, personenbedingte Kündigung
signalisiert.

Austritts-
datum

Hinsichtlich der Kündigungsmodalitäten ist eine sachliche
Aussage zum Austrittsdatum gestattet bzw. sogar erfor-
derlich, sofern der Beendigungszeitpunkt nicht schon in
der Einleitung des Zeugnisses genannt wurde (z.B. »Das
Arbeitsverhältnis endet zum ....«). Die Angabe, ob das
Arbeitsverhältnis mit oder ohne Einhaltung der Kündi-

gungsfrist gelöst wurde, ist wiederum nur mit Ihrem Einverständnis erlaubt (LAG Hamm, Urteil vom 24.9.1985, Az.: 13 Sa 833/85).

Erfolgte die Trennung »im gegenseitigen Einvernehmen« wird der Fachmann von einem arbeitgeberseitig initiierten Aufhebungsvertrag ausgehen – was einer arbeitgeberseitigen Kündigung gleichkommt. Etwas besser klingt da schon »in bestem« oder »in freundschaftlichem Einvernehmen«. Denn hiermit wird angedeutet, dass man sich zumindest gütlich getrennt hat.

Im gegenseitigen Einvernehmen

Schließt sich aber zeitnah eine neue, mindestens gleichwertige Tätigkeit an oder lässt sich Ihre Kündigung anderweitig plausibel begründen (z.B. Umzug in eine andere Stadt, Wechsel in die Selbstständigkeit, Beginn eines Studiums o.Ä.), sollten Sie in jedem Fall auf die Angabe »auf eigenen Wunsch« bestehen und dabei am besten auch die Gründe konkret benennen lassen. Selbst wenn aus Ihren Lebenslauf eine nahtlos anschließende, karrieregemäße Anschlussbeschäftigung ersichtlich ist, signalisiert die Erwähnung des Unternehmenswechsels, dass Ihre Kündigung wegen des neuen Jobs erfolgte und nicht umgekehrt. Heißt es »auf eigenen Wunsch« ist dies aber nicht in jedem Fall positiv zu bewerten. Der Leser könnte per se eine gewisse Skepsis hinsichtlich der Glaubwürdigkeit dieser Angabe hegen, insbesondere wenn diese Formulierung auf eine unterdurchschnittliche Leistungs- und/oder Verhaltensbeurteilung folgt. Denn in vielen Zeugnissen wird sie wohlwollend eingesetzt, auch wenn dies gar nicht der Realität entspricht. Folgt auf Ihren Austritt auch noch eine Zeit der Arbeitslosigkeit, wird die Skepsis noch größer sein und den Leser eine so verfahrene Situation mutmaßen lassen, dass eine Kündigung unvermeidlich war. In diesem Fall würden Sie mit vorgeschobenen betriebsbedingten Gründen vermutlich besser dastehen, sofern der Arbeitgeber dieser Darstellung zustimmt.

Auf eigenen Wunsch

Textbausteine

Beendigungsformel	
End-zeugnis	»Herr ... verlässt uns auf eigenen Wunsch, um in einem anderen Unternehmen eine weiterführende Aufgabe zu übernehmen.«
	»Da wir den Geschäftszweig ... aufgeben und Frau ... leider auch in keinem anderen Bereich eine adäquate Stelle anbieten konnten, mussten wir das Arbeitsverhältnis zum ... beenden.«
	»Aus konjunkturellen Gründen sahen wir uns gezwungen, das Arbeitsverhältnis mit diesem guten Mitarbeiter unter Einhaltung der Sozialauswahl zum ... zu kündigen.«
	»Frau ... scheidet in freundschaftlichem Einvernehmen aus dem Management der Gesellschaft aus, um sich einer neuen Herausforderung zuzuwenden.«
	»Aus betriebsbedingten Gründen endet das Beschäftigungsverhältnis mit Herrn ... zum ...«
	»Das befristete Arbeitsverhältnis endet wie vereinbart mit dem ...«

Begründung für ein Zwischenzeugnis	
Zwischen-zeugnis	»Herr ... erbat dieses Zeugnis anlässlich seiner Einberufung zum Wehrdienst.«
	»Frau ... erhält dieses Zwischenzeugnis auf eigenen Wunsch anlässlich des Projektabschlusses/aufgrund des Wechsels ihres Vorgesetzten.«
	»Herr ... wechselt zum ... in die Abteilung ... und bat aus diesem Grund um ein Zwischenzeugnis.«

b) Austrittsdatum

Oftmals wird in Zusammenhang mit der Beendigungsformel auch der Austrittstermin genannt, sofern in der Einleitung nur das Einstellungsdatum und nicht der Beschäftigungszeitraum angegeben wurde. Handelt es sich bei dem Austrittstermin um ein unerläutert »krummes« Datum, **»Krummes«** könnte hierin ein Hinweis auf eine fristlose Kündigung **Datum** oder einen gerichtlichen Vergleich vermutet werden. Erstellen Sie ein Zeugnis und möchten Sie eine Fehlinterpretation vermeiden, könnten Sie beispielsweise folgende Formulierung verwenden: »Frau ... hat das Arbeitsverhältnis fristgerecht auf eigenen Wunsch gekündigt. Sie bat uns aber wegen des bevorstehenden Umzuges um eine vorzeitige Beendigung zum ...«.

c) Zeugnisinitiative und -grund im Zwischenzeugnis

Auch hier wird meist »auf eigenen Wunsch« angegeben, **Plausible** was jedoch ohne weitere Begründung nicht unbedingt **Begründung** glaubhaft ist. Gibt es eine plausible Begründung (wie z.B. ein interner Stellenwechsel, der Wechsel des Vorgesetzten oder der Antritt der Elternzeit, des Wehrdienstes oder Studiums) sollte dies ebenfalls vermerkt werden. Denn wird keine Angabe zur Zeugnisinitiative und zum -grund gemacht, bietet dies Raum für Spekulationen hinsichtlich einer bevorstehenden Kündigung und könnte man unter Umständen annehmen, dass der Mitarbeiter weggelobt werden soll.

Der Hinweis auf ein ungekündigtes Arbeitsverhältnis ist nicht erforderlich, da dies durch die Überschrift »Zwischenzeugnis« impliziert wird. Eine ausdrückliche Betonung könnte eher sogar kontraproduktiv wirken und Anlass zur Skepsis bieten.

d) Dank und Bedauern

 Heutzutage darf in einem guten Zeugnis ein Dank für die erbrachten Leistungen und ein Bedauern über das Ausscheiden nicht fehlen. Dies gilt auch für ein Zwischenzeugnis, wobei in diesem Fall natürlich kein Ausscheiden bedauert werden kann.

Es wäre ungereimt, wenn die Leistung und das Verhalten des Arbeitnehmers erst gelobt wird, man dann aber keinerlei Dank ausspricht und in keiner Weise bedauert, einen solch guten Mitarbeiter zu verlieren. Eine solche Leerstelle würde in jedem Fall zu Abstrichen in der Gesamtbewertung führen und unter Umständen sogar die Glaubwürdigkeit vorangegangener Belobigungen mindern.

Dank ist nicht gleich Dank Bedankt sich der Arbeitgeber und bedauert er das Ausscheiden des Mitarbeiters, kann man davon ausgehen, dass er das auch ernst meint. Doch Dank ist nicht gleich Dank, ebenso wie Lob nicht gleich Lob ist. Bei der so genannten Dankes-Bedauern-Formel, wie man sie oftmals nennt, gelten die gleichen Regeln hinsichtlich einer fein abgestuften Untergliederung auf der Positivskala wie bei der Zufriedenheitsformel. Wird beispielsweise das Ausscheiden nur zurückhaltend bedauert, verbunden mit einem mäßigen Dank, ist von einem mittelmäßigen Zeugnis auszugehen.

> **Beispiel**
> »Wir bedauern sein Ausscheiden und danken ihm für seine Mitarbeit«.

Bedauert man das Ausscheiden in keiner oder in ironischer Weise oder wird nur sehr schwach gedankt – sofern nicht gänzlich auf eine Dankes-Bedauern-Formel verzichtet wurde – ist von einer unterdurchschnittlichen Bewertung auszugehen.

> **Beispiel**
> »Wir bedauern, auf seine Mitarbeit verzichten zu müssen.«

Dies gilt auch für die Formulierung »danken ihm an dieser Stelle ...«, die die Vermutung zulässt, dass man dem Mitarbeiter an anderer Stelle diesen Dank nicht aussprechen würde, was wiederum auf ein Gefälligkeitszeugnis schließen lässt.

Wenn man von der Dankes-Bedauern-Formel spricht, müssen Dank und Bedauern nicht zwangsläufig in einem Satz formuliert werden. Auch kann in diesem Zusammenhang eine Empfehlung des Mitarbeiters ausgesprochen, Verständnis für sein von ihm initiiertes Ausscheiden oder ein Wiedereinstellungswunsch geäußert werden. Dies ist zwar keine gängige Praxis, ist aber in jedem Fall positiv einzuschätzen.

Dank und Bedauern	
Note 1:	»Wir bedauern ihren Unternehmenswechsel außerordentlich und danken ihr für ihre stets ausgezeichneten Leistungen. Zugleich haben wir aber Verständnis dafür, dass sie die ihr gebotene Chance nutzt.«
	»Wir bedauern sehr, eine so exzellente Fach- und Führungskraft gehen lassen zu müssen und sind ihm für die vorbildliche Leitung seines Bereiches zu großem Dank verpflichtet.«
	»Für ihre äußerst engagierte und erfolgreiche Arbeit danken wir ihr und bedauern sehr sie zu verlieren. Wir können Frau ... fachlich und persönlich bestens empfehlen.«
	»Wir lassen Herrn ... nur sehr ungern gehen, da wir mit ihm einen wertvollen Mitarbeiter verlieren.«

Textbausteine

Mögliche-Zusätze	»Bei einer Besserung der Auftragslage würden wir ihn gern wieder beschäftigen.« »Wir würden eine weitere Zusammenarbeit nach Beendigung ihres Studiums sehr begrüßen.«
Note 4:	»Wir danken ihm auf diesem Wege für die Mitarbeit.« (ohne Bedauern des Ausscheidens)
Note 5:	»Wir bedanken uns für sein stetes Streben nach einer guten Zusammenarbeit.« »Wir bedauern, auf seine weitere Mitarbeit verzichten zu müssen.« (Ironie) »Es erübrigt sich zu sagen, dass wir ihr danken und ihr Ausscheiden bedauern.« »Wir möchten ihm an dieser Stelle danken.« »Wir bedauern die Trennung, möchten uns dem Wunsch nach einer beruflichen Veränderung aber nicht in den Weg stellen.« »Wir danken ihm aus Anlass seines Ausscheidens.« (Der Dank gilt dem Ausscheiden.)

e) Zukunftswünsche/Grußformel

Üblicherweise wird das Zeugnis – auch ein Zwischenzeugnis – mit guten Wünschen für die Zukunft beendet. Aber auch hier sind sich die Gerichte nicht einig, ob ein Arbeitnehmer Anspruch darauf haben sollte oder nicht. Beispielsweise wird dies in einem Urteil des Bundesarbeitsgerichts vom 20.2.2001 (Az.: 9 AZR 44/00) verneint. Auch das Arbeitsgericht Bremen meint, dass ihre Weglassung nicht den Schluss auf eine unfriedliches Ausscheiden zulässt (ArbG Bremen, Urteil vom 11.2.1992, Az.: 4 Ca

4168/91) – eine Ansicht die völlig gegenläufig zur Auslegungspraxis der Personalfachleute ist. Danach wird ein
grußloser Abschied sehr wohl als Hinweis auf eine tiefge-
hende Verstimmung und ein deutlich negatives Signal verstanden. Eine Ansicht, die verschiedene andere Gerichte
durchaus teilen (ArbG Berlin, Urteil vom 7.3.2003, Az.:
88 Ca 604/03; LAG Köln, Entscheidung vom 20.10.1990,
LAGE § 630 BGB Nr. 11).

**Grußloser
Abschied**

Werden Zukunftswünsche angeführt, so müssen diese mit
der Gesamtbeurteilung übereinstimmen. Es ist nicht zulässig, die Beurteilung durch eine davon abweichende Formel
zu entwerten (BAG, Entscheidung vom 23.9.1992, EzA
§ 630 BGB Nr. 16; LAG Hamm, Urteil vom 12.7.1994,
Az.: 4 Sa 564/94).

Durch Abstufungen auf der Positivskala werden die Zukunftswünsche der vorherigen Leistungs- und Verhaltensbeurteilung angepasst, wobei mangelhafte Zukunftswünsche in erster Linie durch Ironie oder Übertreibung bzw.
durch Auslassung zum Ausdruck gebracht werden. Teilweise werden die Zukunftswünsche auch dazu genutzt,
konkrete Andeutungen über den Mitarbeiter zu machen.
So werden z.B. häufige Fehlzeiten angedeutet, indem man
für die Zukunft nicht nur alles Gute sondern auch Ge-
sundheit wünscht. Oder man lässt einen Leistungsabfall
durch die Formulierung »alles Gute und wieder Erfolg«
durchblicken. Auch Erfolgswünsche ohne den wichtigen
Zusatz »weiterhin« könnten als Hinweis darauf verstanden werden, dass man dem Mitarbeiter künftig den Erfolg
wünscht, den er in der Vergangenheit nicht hatte.

**»Alles Gute
und Erfolg«**

Textbausteine

Zukunftswünsche	
Note 1:	»Wir wünschen dieser tüchtigen Mitar-beiterin für ihre berufliche und private Zukunft/ihren künftigen Berufs- und Lebensweg alles Gute und weiterhin viel Erfolg.«

	Note 1:	»Wir wünschen Frau ... für ihre weitere Karriere in unserem Hause weiterhin viel Erfolg und persönlich alles Gute.« (Zwischenzeugnis)
		»Wir wünschen ihm für seine Arbeit in unserem Unternehmen weiterhin viel Erfolg und auf seinem privaten Lebensweg alles Gute.« (Zwischenzeugnis)
		»Wir hoffen, bald wieder auf ihre wertvolle Mitarbeit in unserem Team zählen zu können.« (Zwischenzeugnis bei Elternzeit)
		»Wir freuen uns auf eine hoffentlich noch lange während Zusammenarbeit.« (Zwischenzeugnis)
		»Wir hoffen auch für die Zukunft auf eine ebenso erfolgreiche und vertrauensvolle Zusammenarbeit.« (Zwischenzeugnis)
	Note 4:	»Wir wünschen ihr alles Gute.«
		»Wir wünschen ihm alles Gute und wieder Erfolg.«
Textbausteine	Note 5:	»Wir wünschen ihm für seinen weiteren Weg in einem anderen Unternehmen alles Gute.« (= Hauptsache wir sind ihn los.)
		»Wir wünschen ihr für die Zukunft alles nur erdenklich Gute.« (= Ironie)
		»Unsere besten Wünsche begleiten ihn.« (... und tschüss!)
		»Wir wünschen ihr alles Gute und vor allem Gesundheit.« (= die Mitarbeiterin war häufig krank!)
		»Wir wünschen alles Gute, insbesondere auch/wieder Erfolg.«
		»Wir wünschen ihm für die Zukunft jedoch alles Gute.«

> »Wir wünschen ihm, dass er bei seiner neuen Tätigkeit seine Leistungsfähigkeit/ seine vielfältigen Talente voll entfalten kann.«
> »Wir wünschen ihr für die berufliche Karriere in der Zukunft viel Erfolg.«
> (... den hatte sie in der Vergangenheit nicht.)

f) Ausstellungsdatum und Unterschrift

Der Unterzeichnende muss eigenhändig unterschreiben und seinen Namen voll ausschreiben. Ein Namenskürzel und ein Faksimile genügen nicht (LAG Düsseldorf, Urteil vom 23.5.1995, Az.: 3 Sa 253/95 und LAG Hamm, Urteil vom 28.3.2000, Az.: 4 Sa 1588/99). Neben der Unterschrift muss in Maschinenschrift der Name des Unterzeichners sowie seine Positionsbezeichnung angegeben werden. Der Name in Maschinenschrift muss mit der Unterschrift identisch sein. Denn wer nach außen hin als Aussteller eines Zeugnisses auftritt, distanziert sich von seinem Inhalt, wenn er es von einem beliebigen Dritten unterschreiben lässt (BAG, Urteil vom 21.9.1999, Az.: 9 AZR 893/98). Darüber hinaus sieht das Urteil des Bundesarbeitsgerichtes vom 3.3.1993 (Az.: 5 AZR 182/92) vor, dass die Unterschrift mit einem Firmenstempel versehen wird. Ein in der Praxis jedoch unübliches Verfahren.

Mit Positionsbezeichnung

Wer aber muss das Zeugnis unterschreiben? Diese Frage wurde bereits sehr ausführlich in Kapitel 1 »Rechtliche Grundlagen« erörtert (siehe S. 41), stellt aber keineswegs nur eine Formalie dar, sondern spielt auch bei der Interpretation des Zeugnisses eine gewisse Rolle, dokumentiert die Unterschrift doch nach außen hin nicht nur die Beurteilungskompetenz des Ausstellers, sondern auch die Wertschätzung des Mitarbeiters.

Beurteilungskompetenz

Meist werden Zeugnisse vom direkten Vorgesetzten sowie vom Personalleiter unterschrieben. Dies erhöht die Glaubwürdigkeit, denn der Vorgesetzte ist derjenige, der den

Wertschät-
zung

Mitarbeiter fachlich und persönlich am besten beurteilen kann und der Personalleiter wird für eine korrekte Übersetzung in die Zeugnissprache Sorge tragen. Gleichzeitig sagen die Unterschriften auch etwas über die Wertschätzung des Arbeitnehmers aus. Wurde das Zeugnis beispielsweise vom Unternehmensinhaber, einem Vorstandsmitglied oder einem Geschäftsführer unterschrieben, bringt dies eine gewisse Wertschätzung zum Ausdruck. Umgekehrt ist die Unterschrift durch einen ranggleichen oder womöglich sogar rangniedrigeren Mitarbeiter als Herabwürdigung einzuschätzen (von der formalen Unzulässigkeit mal ganz abgesehen).

Auch das Ausstellungsdatum des Zeugnisses hat eine gewisse Aussagekraft hinsichtlich der Wertschätzung des Mitarbeiters und möglicher Auseinandersetzungen. Daher wird hierum häufig gestritten. Welche Regelungen die Gerichte in dieser Frage getroffen haben, wurde ebenfalls in Kapitel 1 »Rechtliche Grundlagen« (siehe S. 47) dargestellt.

3. Vor- und Nachteile von Textbausteinen, Zeugnismustern und Zeugnissoftware

Muster

Die Verwendung von Mustervorlagen ist eine Möglichkeit der Herangehensweise an die Zeugniserstellung. Sie ist jedoch nur eingeschränkt empfehlenswert, da meist zu viele Änderungen erforderlich sind, um aus der Vorlage zeiteffektiv ein individuelles Zeugnis zu machen, dass Ihnen wirklich gerecht wird und gleichzeitig den Informationsanspruch in vollem Umfang erfüllt. Unter Umständen verwenden Sie zum Schluss mehr Zeit auf die Suche nach einem geeigneten Muster, als Sie für einen eigenen Entwurf benötigt hätten.

Textbausteine

Die Verwendung von Textbausteinen ist dahingegen sehr viel empfehlenswerter. Sie nimmt durch die Verbreitung von Textbausteinen in Form von Softwareprogrammen auch immer mehr zu und erleichtert dem Aussteller doch in erheblichem Maße die Arbeit. Darüber hinaus versachlichen Textbausteine die Angelegenheit und können helfen, Fehler zu vermeiden. Der Aussteller muss nicht versuchen, die Leistung oder das Verhalten des Mitarbeiters mit eigenen Worten zu beschreiben bzw. zu bewerten, sondern er muss sich nur bei den nach Noten sortierten Textbausteinen bedienen. Die Erstellung eines Zeugnisses ist somit nicht mehr abhängig von der Ausdrucksfähigkeit des Ausstellers und seinen individuellen Sprach-Eigenheiten oder -Vorlieben.

Ebenso wie Textbausteine die Erstellung eines Zeugnisses erleichtern, erleichtern sie auch die Rückübersetzung und treffsichere Einschätzung des Zeugnisses. Kritiker bemängeln allerdings eine sich hieraus ergebene Stereotypie, die das Sichten von Bewerbungsunterlagen recht langweilig macht. Doch diese Einheitlichkeit im Sprachgebrauch muss nicht unbedingt negativ zu bewerten sein, sofern darauf geachtet wird, dass die Leistungs- und Verhaltensbeurteilung ansonsten inhaltlich individuell gestaltet wird. Dies ist z.B. bei der Darstellung konkreter Arbeitserfolge sehr gut möglich, was zudem gleichzeitig die allgemeine Beurteilung des Arbeitserfolges untermauern würde. Auch kann durch das Einstreuen der ein oder anderen ganz individuellen Formulierung, vielleicht sogar eines umgangssprachlichen Begriffes oder einer Redewendung das Zeugnis lebendiger gestaltet werden, wodurch es sich besser aus der breiten Masse abhebt.

Stereotypie

Es macht also durchaus Sinn, sich der Hilfe von Textbausteinen zu bedienen. Aber Achtung! Achten Sie unbedingt auf die Qualität des verwendeten Programms bzw. der zur Verfügung stehenden Bausteine. Hier gibt es gravierende Unterschiede.

Im Internet lassen sich Zeugnisse online über so genannte Zeugnis-Generatoren erstellen. Man zahlt hierfür in der Regel pro erstellten Zeugnisentwurf eine Summe zwischen Null und 20 Euro. Dafür wird die Möglichkeit geboten oder zumindest versprochen, ein Zeugnis in Sekundenschnelle erstellen zu können. Des Weiteren bietet der Handel diverse Softwareprogramme, die insbesondere

Zeugnis-Generatoren

dann Sinn machen, wenn man öfter Zeugnisse schreiben muss. Diese Programme unterscheiden sich jedoch erheblich im Preis. Es gibt Programme schon für 25 Euro, Sie **Komfortable** können aber ebenso 500 Euro für eine solche Software **Bedienung** ausgeben. Allen online- und offline-Programmen gemein ist eine einfache, komfortable Bedienung und eine Abhängigkeit der Qualität vom Preis. Bei den kostenlosen und billigeren Produkten hat der Anwender meist wenig Einflussmöglichkeiten auf die Gestaltung. So wird manchmal nicht nach Zeugnisart und Berufsgruppe (Arbeiter, Angestellter, Führungskraft) unterschieden, was dazu führen kann, dass das Zeugnis einer langjährigen Führungskraft im Endergebnis dem eines Lagerarbeiters gleicht. Auch können bei Billigprodukten individuelle Gegebenheiten hinsichtlich des Austritts (wer hat gekündigt und warum) in der Regel nicht berücksichtigt werden und dann heißt es stereotyp »scheidet aus auf eigenen Wunsch«. Vor allem aber ist die Anzahl hinterlegter Textbausteine oftmals völlig unzureichend und es kann in den meisten Fällen nicht einmal darauf vertraut werden, dass die angezeigten Textbausteine auch wirklich die angegebene Note widerspiegeln. Also, höchste Vorsicht und kein blindes Vertrauen, denn manch ein Programm ist deswegen sein Geld nicht wert. Im oberen Preissegment gibt es aber auch hervorragende Produkte, die sehr gut zur Zeugniserstellung geeignet sind und ein sehr nützliches Hilfsinstrument darstellen.

 Wenn Sie eine solche Zeugnissoftware verwenden, sollten Sie bei der Auswahl der Bausteine sehr sorgfältig und **Individualität** sachkritisch vorgehen. Achten Sie darauf, dass das Zeugnis **wahren** letztlich Ihre Fähigkeiten und Leistungen individuell beschreibt und dabei immer ein Bezug zur Tätigkeit gegeben ist. Nehmen Sie ruhig Änderungen und/oder Ergänzungen der Textvorschläge vor – insbesondere bei der Beschreibung des Arbeitserfolges. Vermeiden Sie inhaltliche Wiederholungen und unterziehen Sie das Zeugnis zuletzt noch einem Feinschliff hinsichtlich der sprachlichen Übergänge zwischen den einzelnen Bausteinen, so dass sich der Text flüssig liest und nicht wie eine lieblose Aneinanderreihung von Sätzen wirkt.

4. Feinschliff und Stil

Ein Zeugnis professionell zu erstellen, ist selbst für Fachleute nicht immer leicht. Denn dabei müssen nicht nur formale und rechtliche Kriterien eingehalten werden, sondern es soll insbesondere die gewünschte Leistungs- und Verhaltensbewertung treffsicher zum Ausdruck gebracht werden. Außerdem muss das Zeugnis einer doppelten Rolle gerecht werden, denn es soll nicht nur bewerten, sondern gleichzeitig auch informieren. Bei allem Augenmerk auf die Inhalte muss letztlich auch noch die verbale Verpackung stimmen, denn auch diese hat einen Einfluss auf den Gesamteindruck.

Die folgenden Tipps sollen Ihnen helfen, häufige Fehler zu vermeiden und Ihrem Zeugnis den letzten Feinschliff zu geben. So wird es Ihnen sicherlich gelingen, einen ausgefeilten Zeugnisentwurf zu erstellen.

Häufige Fehler

- **Tipp 1:** Verlieren Sie die zweifache Aufgabenstellung (Information und Bewertung) nicht aus den Augen und achten Sie nicht nur auf angemessene Bewertungen, sondern gestalten Sie das Zeugnis auch informativ. Vermeiden Sie aus diesem Grund allzu pauschale Aussagen. So stellt der Satz »Aufgrund ihrer exzellenten Fähigkeiten erzielte sie stets sehr gute Erfolge« zwar eine durchaus sehr gute Bewertung dar. Er lässt den Leser jedoch darüber im Dunkeln, welche Fähigkeiten denn konkret gemeint waren. Besser wäre daher beispielsweise folgende Formulierung: »Aufgrund ihres ausgezeichneten analytischen Denkvermögens und Organisationstalentes erzielte sie stets sehr gute Erfolge.«
- **Tipp 2:** Gestalten Sie den Text möglichst lebendig, ohne aber ins Prosaische abzuleiten. Ein durchgehend salopper Formulierungsstil wird der Bedeutung eines Zeugnisses allerdings ebenso wenig gerecht wie ein steifes, trockenes Amtsdeutsch.

Gestelzte For- ● **Tipp 3:** Vermeiden Sie gestelzte Formulierungen. Ein
mulierungen   Satz wie »Seine Fähigkeit, sich schnell in neue Aufgabengebiete einzuarbeiten, sein fachliches Können
und das Engagement haben es uns erlaubt, Vertrauen
in seine Arbeit zu setzen« läuft schnell Gefahr miss-
verstanden bzw. negativ ausgelegt zu werden. Denn
was heißt schon »haben es uns erlaubt« und »Vertrauen
in seine Arbeit«? Man wird sich fragen, warum »von
hinten durch die Brust« formuliert wurde. Warum wird
nicht klar und deutlich gesagt: »Seine Fähigkeit, sein
Können und sein Engagement haben zu sehr guten Ar-
beitsergebnissen geführt.«

Ein weiteres Beispiel: Der Satz »Sie löste auch schwierige Aufgaben mit Sinn für Sorgfalt und Genauigkeit«
klingt vordergründig gut. Doch die Hinzufügung von
»Sinn für« ist völlig überflüssig und verkehrt die eigentlich positiv gemeinte Aussage ins Gegenteil, denn es
wäre vollkommen ausreichend gewesen, hätte es geheißen: »Sie löse auch schwierige Aufgaben mit Sorgfalt
und Genauigkeit.«

Wieder- ● **Tipp 4:** Achten Sie beim Erstellen eines Zeugnisses
holungen   darauf, dass Sie sich weder inhaltlich noch von der
vermeiden Wortwahl her wiederholen. Ein Zeugnistext, indem es
immer wieder »stets« oder »sehr dies« oder »sehr je-
nes« heißt, ist stilistisch unschön und vermittelt nicht
gerade den Eindruck besonderer Mühe. Bringen Sie daher durch alternative Steigerungsformen, Zeitfaktoren
oder Verben ein bisschen Farbe in das Zeugnis. In den
nachfolgenden Übersichten finden Sie sicherlich die ein
oder andere Anregung.

Steigerungsformen (Note 1)	Steigerungsformen (Note 2)
• sehr gut • weit überdurchschnittlich • ein sehr hohes Maß an • sehr ausgeprägt • höchster/größter • äußerst/außerordentlich/überaus • außergewöhnlich • ausgezeichnet/überragend • hervorragend/herausragend • exzellent/perfekt • bestens/in bester Weise • vollkommen/absolut • mustergültig/vorbildlich/beispielhaft • erstklassig • sehr beachtlich/beträchtlich • auf sehr hohem/höchstem Niveau • sehr überzeugend/beeindruckend • maßgeblich, wegweisend, ausschlaggebend • glänzend • großartig • brillant • sehr lobenswert • in sehr positiver Weise aufgefallen	• gut • überdurchschnittlich • ein hohes Maß an • ausgeprägt • in jeder Hinsicht • hoch/groß • beachtlich/besonders/beträchtlich • in guter/anerkennenswerter Weise • wertvoll/wirkungsvoll • fruchtbar • auf hohem Niveau • überzeugend • hochentwickelt • beeindruckend • lobenswert • in positiver Weise aufgefallen

---

Zeitfaktoren

- stets/immer/jederzeit/allzeit
- konstant/laufend/permanent/kontinuierlich/beständig/durchweg
- während der gesamten Beschäftigungsdauer
- zu jedem Zeitpunkt, zu jeder Zeit

Verben

- zeichnete sich aus
- beeindruckte durch
- fiel durch ... auf
- bewies/zeigte/überzeugte
- arbeitete/bearbeitete/erledigte/leitete/handelte
- erzielte/erreichte/erfüllte/stellte sicher/übertraf
- war geprägt durch
- besitzt die Gabe
- beherrscht
- besonders hervorzuheben/anzuerkennen/zu würdigen ist

- **Tipp 5:** Reihen Sie die Sätze nicht einfach aneinander, sondern schaffen Sie fließende Übergänge durch Verbindungswörter wie »darüber hinaus«, »zudem« oder »des Weiteren«.

Bandwurm- - **Tipp 6:** Vermeiden Sie endlose Bandwurmsätze oder
sätze   Verschachtelungen, die erst beim zweiten Lesen nachvollziehbar sind. Formulieren Sie gleichzeitig aber auch nicht einsilbig und abgehackt.

- **Tipp 7:** Beginnen Sie nicht jeden Satz mit »Frau X ....« oder »Herr Y ...« bzw. »Er ...« oder »Sie ...«. Folgende Beispiele zeigen, dass es auch ein wenig abwechslungsreicher geht:

Beispiele

»Sein Arbeitsstil war geprägt durch ein hohes Maß an Selbstständigkeit und Sorgfalt.«

»Ein ausgezeichnetes analytisches Denkvermögen und Verhandlungsgeschick gehören ebenso zu ihrem Qualifikationsprofil wie Ausdauer und Flexibilität.«

»Darüber hinaus zeichnet sich seine Arbeit durch absolute Termintreue und Zuverlässigkeit aus.«

»Wir schätzen Frau X als eine außerordentlich belastbare Mitarbeiterin, die auch unter Termindruck stets ausgezeichnete Ergebnisse erzielte.«

»Aufgrund/Dank seiner guten Auffassungsgabe konnte er sich sehr schnell in sein Aufgabengebiet einarbeiten«.

»Seine Arbeit profitiert ebenso von seinem ausgeprägten Verhandlungsgeschick wie von ...«

Anhang

1. Urteile

Stichwort	Urteile, Beschlüsse, Entscheidungen	Kapitel
Adressierung, keine	LAG Hamm 17.6.1999 – 4 Sa 258/98	III-2.3 a)
	LAG Hamburg 7.9.1993 – 7 Ta 7/93	I-4.3
Anschrift des Ausstellers	BAG 3.3.1993 – 5 AZR 182/92	I-4.3
	LAG Hamm 27.2.1997 – 4 Sa 1961/96	
Anschrift des Mitarbeiters	LAG Hamm 17.6.1999 – 4 Sa 258/98	III-2.3 a)
Anspruch auf ein Zwischenzeugnis, Gründe	BAG 21.1.1993 – 6 AZR 171/92	I-3.1 a)
Anspruch auf ein Zeugnis ● bei extrem kurzer Beschäftigungsdauer	LAG Düsseldorf 14.5.1963 – 8 Sa 177/63	I-3.3
● trotz laufender Kündigungsschutzklage	BAG 27.2.1987 – 5 AZR 710/85	I-3.4
● GmbH-Geschäftsführer	BGH 9.11.1967 – II ZR 64/67	I-3.2
● Handelsvertreter	OLG Celle 23.5.1967 – 11 U 270/66	I-3.2
Anspruch auf einfaches Zeugnis nach unaufgefordert ausgestelltem qualifizierten Zeugnis	ArbG Wilhelmshaven 26.9.1971 – Ca 270/71	I-2.5
Anspruch auf ein individuell geschriebenes Zeugnis	ArbG Berlin 4.11.2003 – 84 Ca 17498/03	II-5.1

Ausgleichsquittung	LAG Hamm 13.2.1992, LAGE § 630 BGB Nr. 16	I-3.6 c)
	LAG Düsseldorf, 23.5.1995 – 3 Sa 253/95	I-5.1
Ausstellungsdatum:	Hessisches LAG 2.7.1997 – 16 Ta 378/97	I-4.4
	LAG Bremen 23.6.1989 – 4 Sa 320/88	
● Bestimmtes Datum kann nicht verlangt werden	LAG Frankfurt a.M. 3.5.1995 – IV LA – B- 19/55	
● Kein Rückdatierungsanspruch, wenn verspätete Ausstellung Schuld des Arbeitgebers	LAG Hamm 27.2.1997 – 4 Sa 1691/96	
● Rückdatierung, wenn verspätete Ausstellung Schuld des Arbeitgebers	BAG 9.9.1992 – 5 AZR 509/91	
● Rückdatierung bei Korrektur	LAG Hamm 17.6.1999 – 4 Sa 2587/98	
	BAG 9.9.1992 – 5 AZR 509/91	
	LAG Bremen 23.6.1989 – 4 Sa 320/88	
Aufmachung, ordentliche	BAG 3.3.1993 – 5 AZR 182/92	I-4.3
	LAG Düsseldorf 23.5.1995 – 3 Sa 253/95	
Bedauern des Ausscheidens	LAG Berlin 10.12.1998 – 10 Sa 106/97	III-2.7
Berichtigung		
● Anspruch allgemein	LAG Hamm, 13.2.1992 – 4 Sa 1077/91	I-5
● trotz Ausgleichsquittung	LAG Düsseldorf 23.5.1995 – 3 Sa 253/95	I-5.1
● bei Namensänderung wegen Transsexualität	LAG Hamm 17.12.1998 – 4 Sa 1337/98	I-5.1

● Bindungswirkung unstrittiger Aussagen	BAG 21.6.2005 – 9 AZR 352/04	I-5.1
● Änderung/Neuformulierung durch das Gericht	BAG 23.6.1960 – 5 AZR 560/58	I-5.2
Beschäftigungszeitraum	BGH 9.11.1967 – II ZR 64/67	III-2.3 b)
● kein Verweis auf Zwischenzeugnis im Endzeugnis	LAG Baden-Württemberg 6.2.1968 – 4 Ta 14/68	
● keine Splittung nach Tätigkeiten	LAG Frankfurt a.M. 23.1.1967 – 5 Sa 373/67	
● Erwähnung von Elternzeit	BAG Erfurt 10.5.2005 – 9 AZR 261/04	
Betriebsbedingte Kündigung, Angabe konkreter Gründe	ArbG Frankfurt a.M. 6.10.2003 – 1 Ca 7578/0 LAG Hamm 17.6.1999 – 4 Sa 309/98	III-2.7 a)
Beweislast		I-5.3 c)
● bei überdurchschnittlicher Leistung	BAG 14.10.2003 – 9 AZR 12/03	
● bei unterdurchschnittlicher Leistung	LAG Düsseldorf 11.6.2003 – 12 Sa 354/03	
Bindungswirkung des Zwischenzeugnisses	LAG Düsseldorf 2.7.1976 – 9 Sa 727/76 BAG 8.2.1972 – 1 AZR 250/70 LAG Köln 22.8.1997 – 11 Sa 235/97	I-2.4
Blankobogen mit Firmenstempel	BAG 3.3.1993 – 5 AZR 182/92	I-4.3
Dank		III-2.7
● Anspruch	LAG 17.6.1999 – 14 Sa 1157/98 ArbG Berlin 7.3.2003 – 88 Ca 604/03	
● kein Anspruch	BAG 20.2.2001 – 9 AZR 44/00	

Einstweilige Verfügung	LAG Köln, Beschluss vom 5.5.2003 – 12 Ta 133/03	I-3.5 / I-5.3 a)
Ersatz eines beschädigten oder verlorenen Zeugnisses	LAG Hamm 15.7.1986, LAGE § 630 BGB Nr. 5 LAG Hamm 17.12.1998 – 4 Sa 1337/98	I-3.1 d)
Erwähnung		
● eines laufenden Ermittlungsverfahrens	LAG Düsseldorf 3.5.2005 – 3 Sa 359/05	I-4.5
● eines anhängigen Strafverfahrens	BAG 5.8.1976 – 3 AZR 491/75	I-4.5
● von Unterschlagungen	BGH 22.9.1970 – VI ZR 193/69	I-4.5
● außerdienstlichen Verhaltens	LAG Hamm 17.6.99 – 4 Sa 2587/98 BAG 29.1.1986 – 4 AZR 479/84	I-4.5
● einer Betriebsratstätigkeit	Hessisches LAG 10.3.1977 – 6 Sa 779/76 Hessisches LAG 19.11.1993 – 9 Sa 111/93	I-4.5
● Vertragsbruch	LAG Köln 8.11.1989 – 5 Sa 799/89 LAG Hamm 24.9.1985 – 13 Sa 833/85 LAG Hamm 27.2.1997 – 4 Sa 1691/96	I-4.5
● erheblichen Fehlzeiten (z.B. aufgrund Elternzeit)	BAG Erfurt 10.5.2005 – 9 AZR 261/04	III-2.3 b)
Formulierungsfreiheit des Arbeitgebers,	BAG Senat 20.2.2001 – 9 AZR 44/00	I-4
unter Anlegung üblicher Maßstäbe der Zeugnissprache	LAG Hamm 22.5.2002 – 3 Sa 231/02	I-4
Formulierungsklarheit	BAG 14.10.2003 – 9 AZR 12/03	I-4

Formulierungen		
»kennen gelernt«	LAG Hamm 27.4.2000 – 4 Sa 1018/99	II-2
	BAG 8.2.1972 – 1 AZR 189/71	
	ArbG Bayreuth 26.11.1991 – 1 Ca 669/91	
»anspruchsvoller und kritischer Mitarbeiter«	ArbG Frankfurt a.M. 6.10.2003 – 1 Ca 7578/02	
	LAG Düsseldorf 23.7.2003 – 12 Sa 232/03	
»der seine Positionen mit großem Durchsetzungswillen nachhaltig verfolgte«	LAG Rheinland-Pfalz 18.12.2003 – 6 Sa 954/03	II-2
»umgänglicher Mitarbeiter«	LAG Hamm 28.3.2000 – 4 Sa 648/99	II-4.10
»Er war bemüht …«	LAG Hamm 16.3.1989 – 12 (13) Sa 1149/88	II-4.10
Fristen		
● Verwirkung	BAG, 17.2.1988 – 5 AZR 638/86	I-3.6 a)
● Verwirkung Berichtigungsanspruch nach zehn Monaten	BAG 17.2.1988 – 5 AZR 638/86	
● Verwirkung Schadenersatzanspruch · nach fünf Monaten	BAG 7.10.1972 – 1 AZR 86/72	
● Fristbeginn	Sächsisches LAG 30.1.1996 – 5 Sa 996/95	I-3.6 b)
● Einzelvertragliche Fristen, Gültigkeit von	ArbG Frankfurt a.M. 27.9.2004 – 15 Ca 10684/03	
Gefälschtes Zeugnis als Kündigungsgrund	LAG Nürnberg 24.8.2005 – 9 Sa 400/05	I-2.7
Geknicktes Zeugnis	BAG 21.9.1999 – 9 AZR 893/ 98	I-4.3

Geschäftspapier	BAG 3.3.1993 – 5 AZR 182/92	I-4.3
	LAG Hamm 21.12.1993 – 4 SA 880/93	
Herausgabe eines geänderten Zeugnisses, Zug um Zug gegen das ursprüngliche	LAG Hamm 27.2.1997 – 4 Sa 1691/96	I-3.5 / I-5.2
Holschuld, Wandel in Schickschuld	BAG 8.3.1995 – 5 AZR 848/93	I-3.1 b)
Insolvenz	BAG vom 23.6.2004 – 10 AZR 495/03	I-3.1 c)
Klageantrag	LAG Hamm 28.3.2000 – 4 Sa 648/99	I-3.5
Kopie	LAG Bremen, NZA 1989, 848	I-4.3
Kritik durch		
● falsche Reihenfolgen	ArbG Saarbrücken 2.11.2001 – 6 Ca 38/01	II-4.2
● Einschränkungen	LAG Hamm 22.5.2002 – 3 Sa 231/02	II-4.5
	LAG Köln 18.5.1995 – 5 Sa 41/95	
	LAG Rheinland-Pfalz 18.12.2003 – 6 Sa 954/03	
● beredtes Schweigen	BAG 29.7.1971 – 2 AZR 250/70	II-4.1
● Knappheits-/Ausführlichkeitstechnik	Kammer-Urteil 8.8.1990 – 12 Sa 816/90	II-4.9
	BAG 24.3.1977 – AP Nr.12 zu § 630 BGB	
● Ausweichtechnik	LAG Hamm 17.12.1998 – 4 Sa 635/98	II-4.7
Leistungsbeurteilung, Inhalt	LAG Hamm 22.5.2002 – 3 Sa 231/02	III-2.5

Mündliche Auskünfte	BAG 18. 8.1981 – 3 AZR 792/78	I-2.6
	BAG 18.12.1984 – 3 AZR 389/83	
	LAG Berlin 8.5.1989 – 9 SA 21/89	
	BAG 25.10.1957 – 1 AZR 434/55	
Persönliche Anrede, keine	LAG Düsseldorf 23.5.1995 – 3 Sa 253/95	III-4.3
Prozesskosten		
= ein Monatsgehalt	LAG Köln 29.12.2000 – 8 TA 299/00	I-5.3 b)
	LAG Düsseldorf 26.8.1982 – 7 Ta 191/81	
unter einem Monatsgehalt	LAG Hamm 23.2.1989 – 8 TA 3/89	
	LAG Baden-Württemberg 30.11.1976 – 1 a Ta 119/7	
Schadenersatz		
● gegenüber Arbeitnehmer	LAG Hamm 11.7.1996 – 4 Sa 1534/95	I-4.6
	BAG 16.11.1995 – 8 AZR 983/94	
● gegenüber Folgearbeitgeber	OLG München 14.1.2000 – 23 U 2925/99	I-3.7
	BGH 22.9.1970 – VI ZR 193/69	
	BGH 26.11.1963 – VI ZR 221/62	
	BGE 101 II 73 E. 3b	
	BAG 15.5.1979 – VI ZR 230/76	
Schlussformulierungen		
● passend zum Kontext	LAG Hamm 12.7.1994 – 4 Sa 564/94	III-2.7
● Beendigungsformel	ArbG Frankfurt a.M. 6.10.2003 – 1 Ca 7578/02	III-2.7 a)
	LAG Düsseldorf 22.8.1988, LAGE § 630 BGB, Nr. 4	

● Angabe des betriebsbedingten Kündigungsgrunds	ArbG Frankfurt a.M. 6.10.2003 – 1 Ca 7578/0 LAG Hamm 17.6.1999 – 4 Sa 309/98	III-2.7 a)
● Aussage zur Einhaltung der Kündigungsfrist	LAG Hamm 24.9.1985 – 13 Sa 833/85	III-2.7 a)
Tätigkeits- beschreibung		
● Ausführlichkeit	BAG 3. Senat 12.8.1976 – 3 AZR 720/75	III-2.4
● Kompetenzen, Vollmachten	LAG Hamm 17.6.1999 – 4 Sa 309/98	III-2.4 c)
Überschrift	LAG Düsseldorf 23.5.1995 – 3 Sa 253/95	III-2.2
Unterschrift		
● mit Funktionsan- gabe des Unter- zeichners	BAG 26.6.2001 – 9 AZR 392/00 BAG 21.9.1999 – 9 AZR 893/98 LAG Nürnberg, Beschluss vom 5.12.2002 – 2 Ta 137/02	I-4.2
● durch Anwalt	LAG Hamm, 2.11.1966 – 3 Ta 72/66	
● Beurteilungs- kompetenz des Unterzeichners	BAG 4.10.2005 – 9 AZR 507/04	
● Ranghöhe u. Wei- sungsbefugnis d. Unterzeichners	BAG 16.11.1995 – 8 AZR 983/94	
● kein Namenskürzel	LAG Düsseldorf 23.5.1995 – 3 Sa 253/95	III-2.7 f)
● Firmenstempel	BAG 3.3.1993 – 5 AZR 182/92	
● bei Insolvenz	BAG 23.6.2004 – 10 AZR 495/03	I-3.1 c)

Verhaltensformel		
● Reihenfolge	ArbG Saarbrücken 2.11.2001 – 6 Ca 38/01	III-2.6 a)
● Abstufungen der Noten	LAG Hamm 17.12.1998 – 4 Sa 630/98	III-2.6 a)
	LAG Hamm 27.2.1997 – 4 Sa 1691/96	
● Erwähnung bestimmter Eigenschaften	Kammergericht Berlin 6.11.1978 – 2 U 2290/78	III-2.6 b)
Wahlrecht zwischen einfachem und qualifiziertem Zeugnis	Sächsisches LAG 26.3.2003 – 2 Sa 875/02	I-2.5
Wahrheitpflicht vor Wohlwollenspflicht	BAG 5.8.1976, AP Nr. 10 zu § 630 BGB	I-4.1
	BAG 9.9.1992, AP Nr. 19 zu § 630 BGB	
	LAG Düsseldorf, 2. Kammer Köln, 21.8.1956 – 2 b Sa 65/56	
Wohlwollenspflicht	BAG 23.6.1960 – 5 AZR 560/58	I-4.1
	BGH 26.11.1963 – VI ZR 221/62	
	BAG 8.2.1972, AP Nr. 7 zu § 630 BGB BAG 27.11.1985, AP Nr. 93 zu § 611 BGB Fürsorgepflicht;	
	BAG 3.3.1993 – 5 AZR 182/92	
	BAG 20.2.2001 – 9 AZR 44/00	
Widerruf	LAG Frankfurt a.M. 25.10.1950 – II LA 283/50	I-3.7
	LAG Bayern 28.7.1972 – 6 SA 2/72 N 1	

Zufriedenheitsformel		III-2.5 g)
● Anspruch	LAG Düsseldorf 11.6.2003 – 12 SA 354/03	
● Akzeptanz eines codierten Sprachgebrauchs	BAG 23.9.1992 – 5 AZR 573/91	
● Abstufungen der Noten	LAG Hamm 13.2.1992 – 4 Sa 1077/91	
	LAG Köln 18.5.1995, LAGE § 630 BGB Nr. 23	
	LAG Köln 2.7.1999, LAGE Nr. 35 zu § 630 BGB	
	LAG Hamm 22.5.2002 – NZA-RR 2003, 71	
● »vollste Zufriedenheit«	LAG Hamm 13.2.1992 – 4 Sa 1077/91	
● Alternativen zu »vollste«	BAG 23.9.1992 – AZR 573/91	
● im Kontext	LAG Hamm 22.5.2002 – 3 Sa 231/02	
	BAG 23.9.1992, EzA § 630 BGB Nr. 16	
	BAG 29.7.1971 – 2 AZR 250/70	
Zukunftswünsche/ Grußformel		III-2.7 / III-2.7 e)
● Anspruch	Hessisches LAG 17.6.1999 – 14 Sa 1157/98	
	LAG Köln 20.10.1990, LAGE § 630 BGB Nr. 11	
	ArbG Berlin 7.3.2003 – 88 Ca 604/03	
● kein Anspruch	BAG 20.2.2001 – 9 AZR 44/00	
	ArbG Bremen 11.2.1992 – 4 Ca 4168/91	
	BAG 23.9.1992, EzA § 630 BGB Nr. 16;	
● passend zum Kontext	LAG Hamm 12.7.1994 – 4 Sa 192/94	

Zurückbehaltungs-recht/Pfand, kein	ArbG Passau 15.10.1973 – 2 Ca 180/73	I-3.5
	LAG Hamm 27.2.1997 – 4 Sa 1691/96	
Zwangsvollstreckung	LAG Köln, Beschluss vom 3.4.2002 – 7 Ta 116/01	I-3.5

2. Zeugnismuster

2.1 Zeugnismuster: Vertriebsposition, Note 1

Zeugnis

Herr ... *(Vorname, Nachname)* war vom 1.11.2001 bis zum 31.3.2007 bei uns als Vertriebsbeauftragter im Produktsegment ... *(Bezeichnung)* tätig.

Sein breitgefächerter Aufgaben- und Verantwortungsbereich umfasste folgende Schwerpunkte:

- Umsatz- und Ergebnisverantwortung für den Verkauf von ...-Software an Mittelstands- und Großkunden im gesamten Bundesgebiet
- Erschließung neuer Potentiale im Neu- und Bestandskundenbereich
- Planung und Durchführung von Unternehmens- und Produktpräsentationen
- Erarbeitung von individuellen Programm- anpassungen und Problemlösungen
- Führung von Vertrags- und Konditionsverhand- lungen
- Erarbeitung von Marktanalysen und kontinuierliche Marktbeobachtung in Zusammenarbeit mit der Marketingabteilung
- Mitwirkung bei der Einführung neuer Software- produkte

Herr ... *(Name)* war ein bestens qualifizierter Mitarbeiter. Er besitzt ein umfassendes und detailliertes Fachwissen, das er beim Auftreten neuer Fragen und Entwicklungen jeweils in eigener Initiative aktualisierte und stets sehr erfolgreich einsetzte. Darüber hinaus ergänzten Akquisitionsstärke und ein ausgeprägtes Verhandlungsgeschick sein Qualifikationsprofil in bester Weise.

Die Vorgehensweise von Herrn ... *(Name)* war immer sehr selbstständig, sorgfältig und systematisch. Er identifizierte sich absolut mit seiner Aufgabe und dem

Unternehmen und stellte persönliche Belange jederzeit zurück. Seine Arbeitszeit und sein Engagement
gingen deutlich über das übliche Maß hinaus.

Dank seiner guten Auffassungsgabe erfasste Herr ...
(Name) sehr schnell die Bedürfnisse der Kunden und
realisierte mit Ausdauer sowie Kreativität ausgezeichnete Individuallösungen, was sich nicht zuletzt in
seinen beachtlichen Vertriebserfolgen und in einer
engen Kundenbindung niederschlug. Dabei bewies er
auch ein sicheres Gespür für die Entwicklungen am
Markt und erreichte trotz der schwierigen Wettbewerbslage durch die in- und ausländische Konkurrenz
eine weit überdurchschnittliche Umsatz- und Ergeb-
nissteigerung. Besonders hervorheben möchten wir in
diesem Zusammenhang die Gewinnung des Kunden
... *(Name)*, der heute einer unserer Hauptabnehmer in
dem Produktsegment ... *(Bezeichnung)* ist.

Herr ... *(Name)* hat seine Aufgaben jederzeit zu
unserer vollsten Zufriedenheit erfüllt und unseren
Erwartungen in jeder Hinsicht und in bester Weise
entsprochen.

Sein persönliches Verhalten war immer vorbildlich.
Wegen seiner teamorientierten und kooperativen Art
war er bei seinen Vorgesetzten und Kollegen gleichermaßen sehr anerkannt und beliebt. Sein gewin-
nendes Wesen und sein zuvorkommendes Auftreten
machten ihn auch bei unseren Kunden zu einem sehr
geschätzten Ansprechpartner.

Herr ... *(Name)* verlässt uns auf eigenen Wunsch.
Wir bedauern seinen Unternehmenswechsel sehr und
danken ihm für seine herausragenden Leistungen und
die jederzeit sehr angenehme Zusammenarbeit.

Für seinen weiteren Berufs- und Lebensweg wünschen
wir Herrn ... *(Name)* alles Gute und weiterhin viel
Erfolg.

Ort, Datum, Unterschrift(en)

2.2 Zeugnismuster: Führungsposition, Note 1

Zwischenzeugnis

Herr ... *(Vorname Nachname)* trat am 1.9.2004 als Leiter F&E in unsere Rechtsvorgängerin, die ...-GmbH, ein.

In dieser mit Personalverantwortung für sieben Mitarbeiter ausgestatteten Position ist Herr ... *(Name)* für einen Etat in Höhe von 1,5 Mio. Euro verantwortlich und berichtet direkt an die Geschäftsführung. Sein Aufgaben- und Verantwortungsbereich umfasst folgende Schwerpunkte:

- Entwicklung neuer Produkte vom Prototyp bis zur Serienreife unter Berücksichtigung kundenspezifischer Bedürfnisse, der Entwicklungen des Wettbewerbs sowie von Wirtschaftlichkeitsaspekten
- Produktoptimierung in Hinblick auf Lebensdauer und Montagefreundlichkeit
- Entwicklungsplanung und -controlling
- Projektmanagement sowie Präsentation der Projektergebnisse
- Festlegung von Verfahren zur Überprüfung von Entwicklungsergebnissen und zur Prüfung von Designs
- Nationale und internationale Zertifizierung von Produkten
- Anmeldung von Patenten

Herr ... *(Name)* ist eine ebenso erfahrene wie dynamische Fach- und Führungskraft. Er überzeugt durch technische Fachkompetenz gepaart mit unternehmerischem, marktorientiertem Denken sowie der Bereitschaft, sich immer wieder in neue Themenbereiche einzuarbeiten.

Wir schätzen Herrn ... *(Name)* als einen ausgesprochen selbstständig arbeitenden Mitarbeiter, der es versteht, Arbeitsprozesse in guter Weise zu koordinieren. Dank seines analytischen Denkvermögens erfasst er sofort den Kern einer Sache, schätzt sie realistisch ein und kommt zu einem sicheren, abgewogenen Urteil. Seine effiziente Arbeitsweise zeichnet sich darüber hinaus durch eine sorgfältige Planung und ein hohes Maß an Eigeninitiative aus.

Herr ... *(Name)* bearbeitet und löst alle Problemstellungen immer sehr zuverlässig und umsichtig, wobei ihm seine Ausdauer und Beharrlichkeit sehr zugute kommen. Außerdem besitzt er die Gabe, komplexe Sachverhalte ebenso anschaulich wie verständlich vermitteln zu können. So überzeugen seine schriftlichen wie mündlichen Ausführungen und Präsentationen ebenso durch treffende Formulierung wie stichhaltige Argumentation.

Mit den Leistungen und Erfolgen von Herrn ... *(Name)* sind wir immer in jeder Hinsicht voll zufrieden. Er gibt mit Ideenreichtum sowie Innovationsvermögen wichtige Impulse, schaut »über den Tellerrand hinaus« und treibt Entwicklungen zielstrebig voran. Gleichzeitig sichert er durch eine zukunftsorientierte Produktausrichtung nachhaltig unsere Stellung auf dem Markt, was sich auch in der Vielzahl von Patenten widerspiegelt, die er bereits in der Kürze seiner Beschäftigungsdauer allein oder als Miterfinder anmeldete. Aber auch hinsichtlich der Kosten haben sich die unter seiner Federführung erzielten Produktentwicklungen/ -verbesserungen bereits sehr vorteilhaft ausgewirkt.

Herr ... *(Name)* motiviert seine Mitarbeiter stets zu sehr guten Leistungen. Dabei delegiert er angemessen Aufgaben und Verantwortung und fördert so deren Selbstständigkeit. Gleichzeitig versteht er es hervorragend, Teamgeist zu wecken und alle Parteien erfolgreich in Projekte einzubeziehen.

Sein Verhalten gegenüber Vorgesetzten, Managementkollegen, Mitarbeitern und Geschäftspartnern ist jederzeit einwandfrei und absolut loyal. Er besitzt das volle Vertrauen der Geschäftsleitung und wird wegen seiner hohen fachlichen Kompetenz sowie seiner überzeugenden Persönlichkeit von allen sehr geschätzt und anerkannt.

Herr ... *(Name)* bat um dieses Zwischenzeugnis aufgrund eines Wechsels in der Geschäftsleitung. Wir nutzen die Gelegenheit, ihm hohe Anerkennung und Dank auszusprechen und hoffen auf eine noch möglichst lange sowie ebenso erfolgreiche Zusammenarbeit.

Ort, Datum, Unterschrift(en)

2.3 Zeugnismuster: Ausbildungszeugnis, Note 1

Ausbildungszeugnis

Frau ... *(Vorname Nachname)* absolvierte vom 1. August 1998 bis zum 20. Januar 2001 eine Ausbildung zur Steuerfachangestellten.

Während dieser Zeit wurde sie mit allen im Rahmen ihrer Ausbildung relevanten Tätigkeiten vertraut gemacht und erwarb sich sehr fundierte Kenntnisse in den Bereichen Personal- und Rechnungswesen, Buchführungs- und Abschlusstechnik, Steuererklärungen und Bescheidprüfung.

In der Endphase ihrer Ausbildung erledigte sie selbstständig folgende Aufgaben:

- Abwicklung von Mandantenbuchführungen
- Erstellen von Lohn- und Gehaltsabrechnungen, einschließlich Führen der Lohnkonten
- Führen von Anlagenverzeichnissen
- Fertigung von Einkommen- und Körperschaftsteuererklärungen
- Erstellen von Umsatzsteuervoranmeldungen und -erklärungen, einschließlich Prüfung von Ein- und Ausgangsrechnungen, Ermittlung der Bemessungsgrundlagen und Anwendung der Steuersätze
- Gewinnermittlung per Einnahmen-Überschussrechnung und Betriebsvermögensvergleich

- Erstellen von Gewerbesteuererklärungen, einschließlich Errechnen des Messbetrags, Ermitteln der Gewerbesteuerschuld und Zerlegung des Messbetrages
- Prüfen von Bescheiden, Einlegen von Einsprüchen und Beantragen von Aufhebungen/Änderungen
- Mitarbeit beim Erstellen und Auswerten von Jahresabschlüssen

Bei der Erledigung ihrer Aufgaben setzte sie DATEV-Programme sowie MS Word und Excel ein.

Frau ... (Name) bewies in allen Tätigkeitsbereichen sehr großes Engagement und Interesse. Sie ging überlegt an ihre Aufgaben heran und arbeitete äußerst konzentriert, sorgfältig sowie gewissenhaft.

Dank ihrer Intelligenz und schnellen Auffassungsgabe fiel es ihr leicht, Zusammenhänge zu erkennen und sich in die sehr komplexen Themenbereiche einzuarbeiten. Sie bewies außerdem ein gutes Zahlenverständnis und ein sicheres analytisches Urteilsvermögen.

Die Lern- und Arbeitsergebnisse von Frau ... (Name) waren immer sehr gut. Wir konnten sie zum Ende ihrer Ausbildung hin als vollwertige Kraft einsetzen und waren mit ihren Leistungen stets außerordentlich zufrieden.

Ihr Verhalten gegenüber Vorgesetzten, Mitarbeitern, Mit-Auszubildenden und Mandanten war jederzeit einwandfrei. Sie fügte sich sehr gut in das Team ein und war wegen ihrer hilfsbereiten, höflichen und freundlichen Art bei allen sehr beliebt.

Frau ... (Name) hat die Abschlussprüfung vor der Steuerberaterkammer Niedersachsen nach verkürzter Ausbildungszeit mit sehr gutem Erfolg abgelegt und wird von uns als Steuerfachangestellte in ein unbefristetes Arbeitsverhältnis übernommen.

Wir danken ihr für die bisherigen Leistungen und freuen uns auf die weitere Zusammenarbeit mit ihr.

Ort, Datum, Unterschrift

2.4 Zeugnismuster: Kaufmännische Mitarbeiterin, Note 2

Zwischenzeugnis

Frau ... *(Name)* ist seit dem 1. Juni 2002 in unserem Hause als Objektleiterin tätig.

Im Rahmen dieser Position übernimmt sie die eigenständige und eigenverantwortliche Versteigerung von Objekten für unsere Auftraggeber, bestehend aus Insolvenzverwaltern, Leasinggesellschaften und Banken. Darüber hinaus gehört auch eine große Bandbreite an Unternehmen verschiedenster Branchen zu ihren Kunden, die vom mittelständischen Handwerksunternehmen bis hin zum Großkonzern reichte.

Zu den wesentlichen Aufgaben von Frau ... *(Name)* gehören:

- Erfassung, Inventarisierung und Bewertung des beweglichen Anlagevermögens von Unternehmen mit einem Wert von bis zu 12 Mio. Euro
- Erstellung von Wertgutachten einschließlich Prüfung und Darstellung der Eigentumsverhältnisse
- Vorbereitung von Verkaufs- und Versteigerungskatalogen sowie Entwurf von Zeitungs- und Internetanzeigen
- Organisation und Durchführung von Industrieversteigerungen, einschließlich Kostenkalkulation und -management sowie fachlicher Führung interner und externer Mitarbeiter
- Führen von Verkaufsgesprächen und Kontaktpflege zu Kaufinteressenten

Da die Kunden und Objekte über das gesamte Bundesgebiet verstreut liegen, ist die Arbeit von Frau ... *(Name)* mit einer intensiven Reisetätigkeit verbunden.

Wir schätzen Frau ... *(Name)* als eine fachlich kompetente, zuverlässige und einsatzfreudige Mitarbeiterin. Sie verbindet technische Kompetenz mit betriebswirtschaftlichem Sachverstand und kann sich dank ihrer guten Auffassungsgabe schnell in laufende Projekte einarbeiten.

Ihr effizienter Arbeitsstil zeichnet sich durch ein hohes Maß an Selbstständigkeit sowie eine zielstrebige und kundenorientierte Vorgehensweise aus. Darüber hinaus überzeugt Frau ... *(Name)* durch gute analytische Fähigkeiten und ein sicheres Urteilsvermögen bei der Bewertung von Maschinen und Anlagen. Die Versteigerungen organisiert sie umsichtig mit Blick für das Wesentliche und führt sie stets mit großem Erfolg durch. Dabei zeigt sie Geschick in Verhandlungen mit Kaufinteressenten und »ein gutes Händchen« bei der fachlichen Führung von internen und externen Mitarbeitern, die sie zu motivieren versteht.

Frau ... *(Name)* beweist ein hohes Maß an Flexibilität und Eigeninitiative. So ist es für sie selbstverständlich, auch zusätzliche Aufgaben außerhalb des eigentlichen Aufgabenbereiches zu übernehmen sowie selbst kurzfristig anfallende Überstunden oder Wochenendeinsätze zu leisten.

Frau ... *(Name)* erledigt alle ihm übertragenen Aufgaben stets zu unserer vollen Zufriedenheit.

Ihr Verhalten gegenüber Vorgesetzten, Kollegen, Mitarbeitern und Geschäftspartnern ist jederzeit einwandfrei und loyal. Sie wird aufgrund ihrer ebenso konstruktiven wie teamorientierten Haltung von allen geschätzt und anerkannt. Auch nach außen hin wird unser Unternehmen von Frau ... *(Name)* immer gut repräsentiert.

Frau ... *(Name)* bat aufgrund eines Vorgesetztenwechsels um dieses Zwischenzeugnis. Wir nutzen die Gelegenheit, ihr für ihre stets guten Leistungen zu danken und freuen uns auf eine weiterhin erfolgreiche und angenehme Zusammenarbeit.

Ort, Datum

Unterschrift

3. Nützliche Internetadressen

3.1. Zeugnisberatung

Telefonische Beratung, schriftliche Analysen und
Gutachten
www.zeugnisberatung.de

3.2. Arbeitsrecht

Anwaltsuche
www.anwalt-suchservice.de

Informationen, Gesetze, Urteile, Checklisten, Beratung
www.verdi-arbeitszeugnisberatung.de

Linksammlung
www.recht-leicht.de

Neuigkeiten, Tipps, Gesetze, Diskussionsforum u.v.m.
www.arbeitsrecht.de

Informationen und kostenlose Rechtsberatung für Azubis
www.azuro-muenchen.de

Gesetzestexte
http://bundesrecht.juris.de

3.3 Jobbörsen

www.stepstone .de
www.jobpilot.de
www.monster.de
www.jobboerse.arbeitsagentur.de
www.kimeta.de
www.jobratio.de

3.4. Bewerbung

Online-Bewerbungen mit Bewerbungs-Homepage
www.ulmato.de

Tipps und Links zu Online Jobbörsen, Bewerbung, Arbeitslosigkeit, Weiterbildung u.v.m.
www.zakk.de/jobsuche/

Stichwortverzeichnis

Herausgeber

Verbraucherzentrale Nordrhein-Westfalen e. V.
Mintropstraße 27, 40215 Düsseldorf
Telefon 01 80/5 00 14 33 (0,14 €/Min. aus dem
deutschen Festnetz, Mobilfunkpreise abweichend)
Telefax 02 11/38 09-2 35
Internet: www.vz-nrw.de
E-Mail: publikationen@vz-nrw.de

Herausgeber:	Karl-Dieter Möller, Thomas Nell
Koordination:	Wolfgang Starke
Fachliche Mitwirkung:	Rechtsanwältin Julia Gray, Hagen
Lektorat:	Rechtsanwältin Sylvia Isensee, Köln
Produktion:	bretzinger : medien.service, Karlsruhe
Umschlaggestaltung:	Design Ute Lübbeke, Köln
Umschlagfoto:	gettyimages®
Druck/Bindung:	Koelblin-Fortuna-Druck GmbH & Co. KG, Baden-Baden